Die Neue Fabrik

Springer
Berlin
Heidelberg
New York
Barcelona
Budapest
Hongkong
London
Mailand
Paris
Santa Clara
Singapur
Tokio

Ch. Nedeß · J. Mallon · Ch. Strosina

Die Neue Fabrik

Handlungsleitfaden zur Gestaltung integrierter Produktionssysteme

Mit 30 Abbildungen

Springer

Univ.-Prof. Dr.-Ing. Christian Nedeß
Dipl.-Ing. Jürgen Mallon
Dipl.-Ing. oec. Christian Strosina
Technische Universität Hamburg-Harburg
Arbeitsbereich Fertigungstechnik I
Denickestraße 17
21073 Hamburg

ISBN 3-540-59493-0 Springer-Verlag Berlin Heidelberg NewYork

Die Deutsche Bibliothek - CIP-Einheitsaufnahme
Nedess, Christian:
Die Neue Fabrik : Handlungsleitfaden zur Gestaltung integrierter Produktionssysteme / Ch. Nedess ; J. Mallon ; Ch. Strosina. - Berlin ; Heidelberg ; New York ; Barcelona ; Budapest ; Hong Kong ; London ; Mailand ; Paris ; Tokyo : Springer, 1995
ISBN 3-540-59493-0 (Berlin ...)
ISBN 0-387-59493-0 (New York ...)
NE: Mallon, Jürgen:; Strosina; Christian:

Satz: Reproduktionsfertige Vorlage der Autoren
SPIN: 10504991 68/3020 - 5 4 3 2 1 0 - Gedruckt auf säurefreiem Papier

Vorwort

Deutschlands Industrie kann nur durch permanente Produkt- und Prozeßinnovation und ständige Anpassung an sich immer schneller wandelnde Marktbedingungen wettbewerbsfähig bleiben. Kundenorientierung, Qualität im umfassenden Sinn und Kosten von Waren und Dienstleistungen sind wesentliche Voraussetzungen für den Unternehmenserfolg.

Betriebsintern sind wichtige Erfolgsfaktoren die Mitarbeiterorientierung, die Wertschöpfungsorientierung, die Komplexitätsminimierung und der Prozeß der kontinuierlichen Verbesserung. Die "Neue Fabrik" ist gekennzeichnet durch integrierte, ganzheitliche und prozeßorientierte Strukturen. Es besteht kein Zweifel über die Notwendigkeit eines strukturellen Wandels, wobei die Einsicht wesentlich durch den konjunkturellen Einbruch Anfang der 90er Jahre gefördert wurde. Als schwierig hingegen erweist sich der Weg vom Grobkonzept zur Realisierung.

Das vorliegende Buch mit der Überschrift "DIE NEUE FABRIK - Handlungsleitfaden zur Gestaltung integrierter Produktionssysteme" soll dazu dienen, den Umstrukturierungsprozeß vornehmlich produzierender Unternehmen zu unterstützen. Es entstand auf der Grundlage eigener Erfahrungen, einer strukturierten Situationsanalyse japanischer Unternehmen in Norddeutschland und deutscher Unternehmen, die im Umstrukturierungsprozeß erfolgreich waren. Zahlreiche Seminarveranstaltungen, kritische Auseinandersetzungen mit unterschiedlichen Lösungsmodellen, konkrete Konzeptentwicklungen und Umsetzungen sind die weitere Basis dieser Publikation.

Der Handlungsleitfaden bezieht sich im wesentlichen auf organisatorische, mitarbeiterzentrierte Maßnahmen. Dies darf aber nicht dazu verleiten, die technologische Weiterentwicklung zu vernachlässigen. Organisatorische Maßnahmen allein sichern den Standort Deutschland nicht.

Mit der Darstellung wird ein Kompromiß gesucht zwischen einfacher Verständlichkeit und gebotener Kürze einerseits sowie umfassender und wissenschaftlicher Behandlung der sehr umfangreichen Problematik andererseits. Damit werden notwendigerweise Kritiker sowohl aus dem Lager der "praktisch erfahrenen Umsetzer" als auch der Wissenschaft unterschiedlicher Disziplinen, die sich mit Erneuerungsprozessen befassen, offene Punkte erkennen und eine Reihe weiterer wichtiger Aspekte vermissen.

Dank gilt der Wirtschaftsbehörde der Freien und Hansestadt Hamburg für die Förderung dieses Projektes. Dank gesagt sei auch den Unternehmen, die diese Arbeit unterstützten und ganz persönlich den Mitarbeitern in diesen Unternehmen, die mit ihrem Erfahrungswissen wesentlich zur Erstellung dieses Handlungsleitfadens beigetragen haben.

Hamburg, im Mai 1995 — Christian Nedeß

Inhaltsverzeichnis

1 Inhalt und Aufbau des Handlungsleitfadens

Einer der Gründe für die Heftigkeit der Diskussionen, die in Deutschland aufgrund der MIT-Studie [Womack 91] über die Lean Production geführt wurde, liegt darin, daß in den vergangenen Jahren die Maschinenbauunternehmen in der Regel unter 3% Umsatzrenditen erzielten. Welche Maßnahmen sind anzuwenden, um in einem turbulenten Markt wieder eine **Ziel-Umsatzrendite von 10%** zu erwirtschaften, die eine Sicherung der Unternehmenszukunft und damit der Arbeitsplätze gewährleistet?

Der vorliegende Handlungsleitfaden schlägt organisatorische, mitarbeiterzentrierte Maßnahmen vor, um in einem Markt, der gekennzeichnet ist durch

- anspruchsvollere Kunden
- weltweite Konkurrenz und
- leistungsfähige Anbieter aus Niedriglohnländern

die wesentliche Existenzvoraussetzung eines Unternehmens, nämlich die Erwirtschaftung von Gewinnen, zu realisieren. Die drei Wettbewerbsfaktoren **Kosten, Zeit und Qualität** müssen dabei gleichzeitig optimiert werden.

Als hausgemachtes Problem konnten die arbeitsteiligen Strukturen identifiziert werden. Sie lassen keine ausreichenden Kostensenkungen zu und wirken besonders störend im zunehmenden Zeit- und Qualitätswettbewerb. Ein wesentlicher Grund für die Erhöhung der Durchlaufzeit bei zunehmender Betriebsgröße ist die Schwierigkeit, die komplexen Organisationsstrukturen zu beherrschen. Die durch die Arbeitsteilung bewirkten Zeit-Verluste nehmen mit der Zahl der an der Auftragsabwicklung beteiligten Stellen zu. Auch die Arbeitsqualität erfährt an jeder strikten Trennung einzelner Funktionen dadurch deutliche Einbußen, daß an jeder Schnittstelle Informationsverluste auftreten. Sequentielle Bearbeitung und geringe Rückmeldungen machen es den Mitarbeitern schwer, aus Fehlern zu lernen und Verbesserungsvorschläge einzubringen.

In dieser Konstellation von wachsenden Marktanforderungen und internen Defiziten sind besonders die Maßnahmen wirkungsvoll, die zu einer **Verringerung der Schnittstellen** führen. Das Ordnungskriterium zur Unternehmensorganisation können damit nicht mehr die Funktionen sein, aus denen sich die "Ab"-teilungen bilden, sondern es sind die Unternehmensprozesse, die zu sinnvollen Einheiten zusammenzufassen sind. Sinnvoll heißt in diesem Zusammenhang eine Integration von direkt aufeinanderfolgenden Teilschritten einer Prozeßkette. Als Konsequenz ergibt sich die Dezentralisierung bisher zentral ausgeführter Tätigkeiten.

So bleibt für die Unternehmen die Aufgabe bestehen, Strukturen zu finden und umzusetzen, die mit einer gestärkten Wettbewerbsfähigkeit zu einer verbesserten Ertragssituation und damit zu einer langfristigen Zukunftssicherung beitragen. Die Entwicklung und Einführung **dezentraler Unternehmensstrukturen** zum Aufbau kleiner Regelkreise, mit denen schnell und flexibel auf Veränderungen im turbulenten

Markt sowie auf interne Störungen reagiert werden kann und die eine bessere Nutzung des Innovationspotentials der Mitarbeiter bieten, gibt einen Orientierungsrahmen vor, in den sich alle neueren Organisationskonzepte einordnen lassen.

Es soll an dieser Stelle eindringlich davor gewarnt werden, "Erfolgs"-Konzepte aus der Literatur oder von anderen Unternehmen direkt zu übernehmen. Auch die im folgenden beschriebene "Neue Fabrik" ist kein Patentrezept. Vielmehr ist jedes Unternehmen aufgefordert, ein eigenes Umstrukturierungskonzept zu entwickeln. Um optimale Ergebnisse zu erzielen, müssen die Wechselwirkungen zwischen Organisation, Personal und Technik beachtet werden (Abb. 1.1).

Die Aufgabe des Handlungsleitfadens besteht darin, kleine und mittlere produzierende Unternehmen bei der Entwicklung und Realisierung eines unternehmensindividuellen Umstrukturierungskonzepts zu unterstützen. Dazu gliedert sich der Handlungsleitfaden in einen Teil A, in dem besonders der ganzheitliche Ansatz der Neuen Fabrik herausgearbeitet wird und einem Teil B, in dem die angesprochenen Maßnahmen (Abb. 1.1) vertieft behandelt werden.

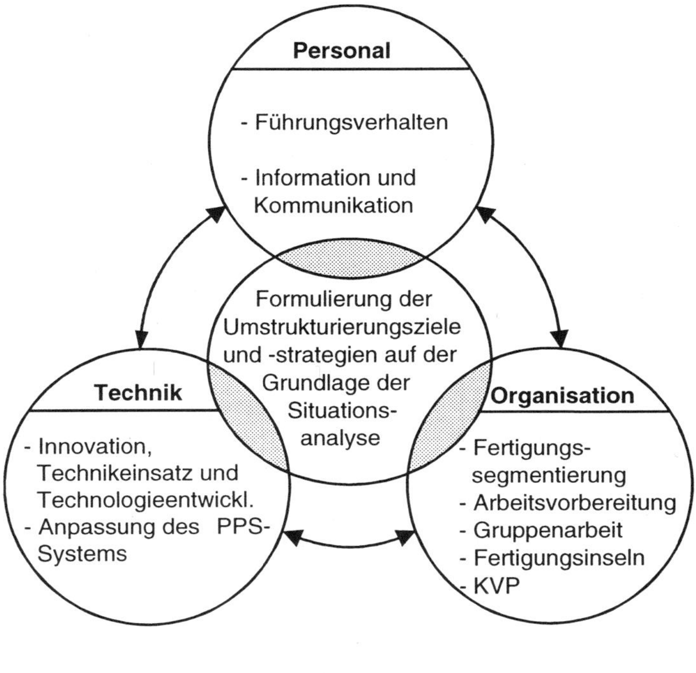

Abb. 1.1: Gestaltungsfelder und Maßnahmen der "Neuen Fabrik"

Im **Teil A** wird das Gesamtkonzept der Neuen Fabrik mit den grundlegenden Organisationsprinzipien und den Kernkonzepten Fertigungssegmentierung, Fertigungsinseln und Gruppenarbeit beschrieben. Für die unternehmensindividuelle Entwicklung und Realisierung wird der Weg in die Neue Fabrik anhand eines praxiserprobten Vorgehenskonzepts erklärt, das neben den Projektphasen und zugeordneten Maßnahmen auf die wichtigsten Situationen hinweist, die im Verlauf solcher Prozesse auftreten. Mit zwei Fallbeispielen realisierter Umstrukturierungen wird das Vorgehen verdeutlicht. Ein wesentlicher Erfolgsfaktor bei der Umstrukturierung ist die integrierte Gestaltung struktureller (Organisation) und kultureller (Personal) Veränderungsprozesse. Der Zusammenhang dieser beiden Gestaltungsfelder wird im Teil A besonders betont. Ein sinnvoller Technikeinsatz und die Technologieentwicklung dürfen darüber aber nicht vernachlässigt werden. Auch sollte die starke Komponente der Mitarbeiterbeteiligung als Erfolgsfaktor nicht im Widerspruch zu einer "starken Führung" gesehen werden. Während die Zielorientierung auf allen Unternehmensebenen die gleiche Bedeutung hat, ist hinsichtlich der Unternehmensstrategien im wesentlichen das Top-Management gefordert, so daß eine top-down- / bottom-up-Strategie (die ihrerseits partizipative Elemente einschließt) das größte Erfolgspotential aufweist.

Alle genannten Maßnahmen werden in **Teil B** einzeln behandelt und zwar hinsichtlich der Ziele, der Gestaltungsprinzipien und der Einführungskonzepte. Dieser Aufbau soll die Unternehmen befähigen, nach einer Eignungsprüfung auf der Grundlage der Zielsetzungen ein Vorgehen zu verfolgen, das die Anpassung der Maßnahmen an die unternehmensspezifische Situation ermöglicht.

Der Handlungsleitfaden behandelt das Thema "Neustrukturierung" bei weitem nicht vollständig, sondern es werden im wesentlichen Konzepte und Maßnahmen zur Reorganisation der Fertigung vorgestellt. Ansätze, die im Rahmen dieser Konzentration auf die drei Kernkonzepte nicht integriert werden konnten, sollten bei einer Umstrukturierung unbedingt in die Überlegungen eingehen. Dazu zählen das Konzept des "Simultaneous Engineering" und das "Total Quality Management"-Konzept, zu dem als erster Teilschritt unter anderem die Zertifizierung nach der Normenreihe DIN/ISO 9000 ff. gehört. Zur DIN/ISO 9000 ff. sei in dieser Schrift nur soviel gesagt, als daß durch die Verpflichtung zur Dokumentation der Abläufe eine sehr gute Grundlage geschaffen wird, Schwachstellen der Organisation zu entdecken. Deren Beseitigung ist ein wesentlicher Bestandteil eines erfolgreichen Konzepts zur Umstrukturierung und bestimmt wesentlich den einzuschlagenden Weg.

Literatur

Womack, J.P. *Jones, T. J.* *Roos, D.*	Die zweite Revolution in der Automobilindustrie, Campus-Verlag: Frankfurt am Main, 1991

2 Die Neue Fabrik

Es ist nicht zu übersehen, daß es bereits einer nennenswerten Zahl deutscher Unternehmen gelungen ist, ihre Wettbewerbsfähigkeit mit neuen, "schlanken" Unternehmensstrukturen erheblich zu steigern. Sie können von teilweise dramatischen Verbesserungen bei Produktivität, Entwicklungs- und Durchlaufzeiten, Beständen, Qualität und nicht zuletzt der Mitarbeitermotivation berichten. Eine Auswahl von Erfolgsmeldungen norddeutscher Unternehmen bietet Abbildung 2.1.

Produktivität	+45%	Unternehmen der Kautschukverarbeitung:	
		Durchlaufzeit Fertigung	-60%
		Produktivität Fertigung	+45%
		Anzahl Verbesserungsvorschläge	+900%
Fehlerkosten	-90%	Körperpflege- und Putzmittelhersteller:	
		Produktivität	+33%
		Fehlerkosten	-90%
Bestände	-40%	Zulieferer der Nutzfahrzeugindustrie	
		Produktivität	+20%
		Bestände	-40%
Durchlaufzeit	-75%	Hersteller von Bodenreinigungsmaschinen	
		Produktivität	+25%
		Qualitätskosten	-50%
		Durchlaufzeit	-75%
Fehlzeiten	-25%	Dienstleistungsunternehmen	
		Fehlzeiten	-25%
		Produktivität	+15%

Abb. 2.1: Erfolgsmeldungen norddeutscher Unternehmen

In der Praxis fällt es sehr vielen Unternehmen nicht leicht, die Umstrukturierung aus eigener Kraft zu bewältigen. Auch gibt es zunehmend Meldungen von mehr oder weniger gescheiterten Projekten, bei denen nach kurzer Euphorie ein Rückfall in alte Strukturen erfolgte. Zwei Hauptprobleme lassen sich ausmachen. Zum einen besteht Unklarheit darüber, wie die eigene "Neue Fabrik" konkret zu gestalten ist. Als Folge werden Lösungen anderer Unternehmen kopiert, ohne die Eignung dieser Strukturen für das eigene Unternehmen und dessen Situation zu beurteilen bzw. beurteilen zu können. Zum anderen fehlt es vielfach an Erfahrung bei der Durchführung von derart umfangreichen Veränderungen, die vielmehr ein dynamisches Change Management als ein statisches Projektmanagement erfordern.

Bei der Entwicklung des Konzepts der Neuen Fabrik als Basis für diesen Handlungsleitfaden standen daher zwei Fragestellungen im Vordergrund:

- **Wie sieht die Neue Fabrik aus? und**
- **Wie sieht der Weg in die Neue Fabrik aus?**

Im folgenden sollen hierzu einige grundsätzliche Vorbemerkungen zum Verständnis des Ansatzes gemacht werden.

Organisationsprinzipien

Zur Beantwortung der Frage, wie schlanke Strukturen in der Praxis aussehen, wurde gerade in jüngster Vergangenheit eine Vielzahl an **Erfolgsrezepten** in die Diskussion geworfen. Neben der vielzitierten "Lean Production" nach japanischem Vorbild seien hier genannt:

- Kaizen / Quality Circle
- Just in Time / Kanban
- Total Quality Management
- Simultaneous Engineering
- Segmentierung
- Fertigungsinsel
- Gruppenarbeit
- Zertifizierung (ISO 9000 ff.)
- Umweltmanagement.

Nicht wenige Unternehmen standen und stehen angesichts der Fülle von vermeintlichen Patentrezepten vor den Fragen, welche Konzepte für sie geeignet und vor allem wie die konkrete Ausgestaltung für ihre spezielle Lage auszusehen hat.

Bei genauer Betrachtung der neuen Ansätze stellt man jedoch fest, daß sie alle denselben Prinzipien, den **Organisationsprinzipien** einer Neuen Fabrik, folgen. Diese zielen zur Erlangung eines Gesamtoptimums immer auf das ganze Unternehmen. Erst das Verständnis dieser Organisationsprinzipien ermöglicht die Entwicklung eines individuellen und ganzheitlichen Konzepts der Neuen Fabrik, das den Besonderheiten des eigenen Unternehmens optimal angepaßt ist (Abbildung 2.2).

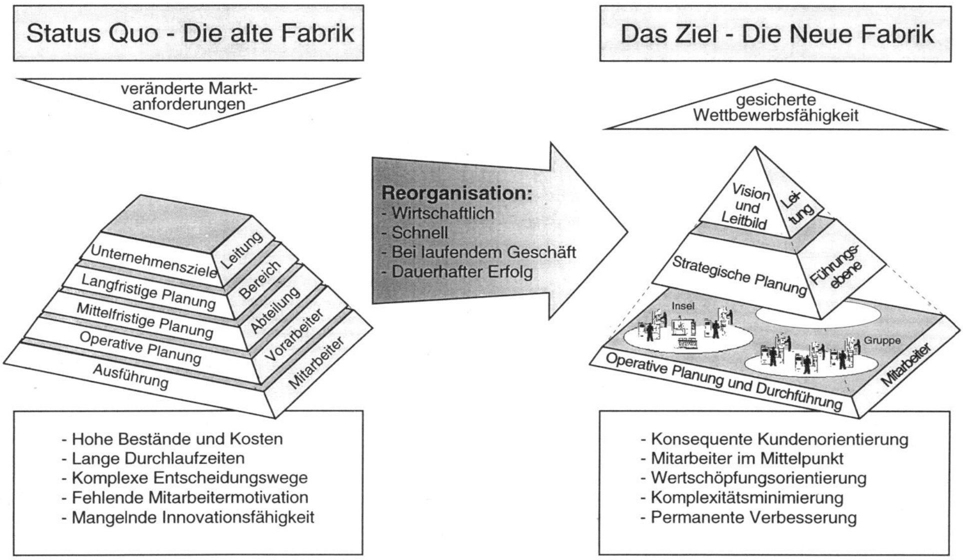

Abbildung 2.2: "Die Neue Fabrik"

Die Prinzipien der Neuen Fabrik lassen sich wie folgt charakterisieren:

❑ **Konsequente Kundenorientierung**
Jede Tätigkeit im Unternehmen hat sich am Nutzen für den Kunden zu orientieren. Das gilt in gleichem Maße für die Kunden-Lieferanten-Beziehungen innerhalb des Unternehmens.

❑ **Der Mensch als entscheidender Produktionsfaktor**
Die wichtigste Ressource eines Unternehmens ist der Mitarbeiter. Seine Potentiale an Erfahrung und Kreativität sind in Verbindung mit einer angepaßten Technologie zu nutzen und zu fördern.

❑ **Wertschöpfungsorientierung**
Entscheidend für den Unternehmenserfolg sind die wertschöpfenden Tätigkeiten. Nicht wertschöpfende Tätigkeiten stellen eine Verschwendung von Ressourcen dar und sind soweit wie möglich zu vermeiden.

❑ **Komplexitätsminimierung**
Komplexität verursacht Intransparenz, viele Schnittstellen und damit hohe Reibungsverluste. Nur einfache Strukturen und Abläufe gewährleisten eine hohe Effizienz.

- **Streben nach ständiger Verbesserung**
  Durch die permanente Überprüfung und Verbesserung aller Abläufe im Unternehmen (auch in kleinen und kleinsten Schritten) wird die Effizienz des Unternehmens kontinuierlich verbessert. Dieser Prozeß muß von den Mitarbeitern getragen und durchgeführt werden.

Kernkonzepte der Neuen Fabrik

Schwerpunkt des hier vorgestellten Konzepts der Neuen Fabrik wie auch dieses Handlungsleitfadens ist die Reorganisation der Fertigung und der fertigungsnahen Gemeinkostenbereiche. Er wurde bewußt gesetzt, da insbesondere die Fertigung durch den aktuellen Trend zur Verlagerung in Niedriglohnländer unter Druck geraten ist. Auf Dauer erfolgreich kann ein Unternehmen dennoch nur dann sein, wenn auch die übrigen Bereiche eine Umstrukturierung im Sinne des hier vorgestellten Ansatzes vornehmen. Leitgedanke bei der Entwicklung neuer Strukturen müssen auch dort die grundlegenden Organisationsprinzipien der Neuen Fabrik sein. Ebenso ist die überwiegende Zahl der Konzepte und Methoden universell anwendbar und nicht auf die Fertigung beschränkt. Schließlich werden auch die bei der Umstrukturierung der Fertigung gewonnenen Erfahrungen eine wertvolle Hilfe auf dem Weg zum "Neuen Unternehmen" sein.

Die Untersuchung erfolgreicher Umstrukturierungsprojekte [Nedeß 94] zeigt ganz deutlich, daß die genannten Organisationsprinzipien wirklich verinnerlicht wurden und die **Richtschnur** für die Gestaltung der neuen Organisation bildeten. Auf diese Weise konnten Konzepte und Maßnahmen aufeinander abgestimmt und zu einem schlüssigen Gesamtkonzept verbunden werden. Was aber viel wichtiger ist: Die Umstrukturierung ist in diesen Unternehmen kein einmaliges Projekt, wie es bei einem bloßen Kopieren von anderen der Fall ist. Es entsteht vielmehr eine Organisation, die sich kontinuierlich weiterentwickelt und die in der Lage ist, auch bei zukünftigen Veränderungen im Umfeld ihre Strukturen auf Basis der neuen Philosophie anzupassen.

Schlanke Unternehmen müssen somit nicht zwangsläufig ähnlich oder gar identisch strukturiert sein. Dennoch gibt es einige Kernkonzepte, die in unterschiedlichen Ausprägungen immer wieder vorzufinden sind.

Hierzu zählen die produktgruppenorientierte Gliederung des Unternehmens in kleine, schlagkräftige **Fertigungssegmente** (Cost-Center, Profit-Center) [Wildemann 88], die Qualifizierung und Erweiterung des Aufgabenfelds der Mitarbeiter in Fertigung und Montage bis hin zur **Gruppenarbeit** [Niefer 93], bei der eine Integration indirekter Funktionen zur Auflösung der indirekten Bereiche führen kann, sowie die Optimierung des Materialflusses durch flußorientiertes Layout bis hin zu **Fertigungs- und Montageinseln** [AWF 90]. Die genannten Kernkonzepte sollen im folgenden kurz beschrieben werden. Eine vertiefte Darstellung findet sich im Teil B, Kapitel 8, 9 und 10.

Ein **Fertigungssegment** umfaßt definitionsgemäß immer mehrere Stufen der Wertschöpfungskette. Um die Segmente zu schlagkräftigen Einheiten auszubauen, die flexibel und weitgehend autonom auf den Markt reagieren, sind indirekte Funktionen zu integrieren. Es werden dabei entweder nur die fertigungsnahen Funktionen integriert oder die Segmente können durch eine Integration der Abteilungen Konstruktion, Einkauf, Fertigung und Vertrieb zu eigenständigen Geschäftseinheiten ausgebaut werden. Der Vorteil der Segmentierung liegt darin, daß die internen Abläufe und Technologien optimal an die im jeweiligen Marktsegment erforderlichen Wettbewerbsstrategien angepaßt werden können.

Ein weiterer Ansatz zur Schaffung kleiner, selbständiger Produktionseinheiten ist die Einführung von **Gruppenarbeit**. Da dieser Begriff mit unterschiedlichen Inhalten belegt werden kann, soll zunächst auf die Definition nach REFA [REFA 93] verwiesen werden:

"Gruppenarbeit ist die Erfüllung der Arbeitsaufgabe eines Arbeitssystems durch mehrere Menschen. Die Gruppenmitglieder erhalten eine ganzheitliche Aufgabe zur Verantwortung. So kann es zweckmäßig sein, die Qualitätsverantwortung in diese Gruppe hineinzugeben, die Material- und Termindisposition im Rahmen der Werkstattsteuerung zu übertragen, die Wahl der Lage der Erholungspausen der Gruppe zu überlassen und die Aufteilung der Arbeit auf die einzelnen Gruppenmitglieder ebenfalls von der Gruppe selbstverantwortlich vornehmen zu lassen. Der Grad dieser Selbststeuerung ist von internen und externen Einflüssen abhängig und wird von Betrieb zu Betrieb und von Gruppe zu Gruppe unterschiedlich sein."

Die wesentlichen Kennzeichen der Gruppenarbeit sind nach dieser Definition die Arbeit an einer gemeinsamen Aufgabe und die Übernahme planender und dispositiver Tätigkeiten. Es handelt sich also nicht um eine alleinige Aufgabenerweiterung auf horizontaler Ebene.

Zusätzlich zur Fertigungsaufgabe und den indirekten Tätigkeiten, wie z.B. die Fertigungs- und Materialdisposition, die Selbstprüfung der Qualität, die Instandhaltung sowie die Werkzeug- und Vorrichtungsverwaltung, zählt zum Aufgabenspektrum der Gruppe die kontinuierliche Verbesserung (Kapitel 11) ihres Arbeitssystems. Neben Qualifizierungsmaßnahmen zur Steigerung der methodischen und sozialen Kompetenz sind die fachlichen Fähigkeiten so zu erweitern, daß die Gruppenmitglieder mehrere Aufgaben innerhalb ihres Arbeitssystems ausführen können und dadurch flexibel einsetzbar sind. Bei der gruppeninternen Abstimmung zur Gewährleistung der Selbststeuerung hat sich eine Gruppengröße von max. 7 bis 12 Mitgliedern bewährt.

Eine besondere Form der Gruppenarbeit ist die **Fertigungsinsel**. Sie bietet sich an, wenn es möglich ist, Teilefamilien mit ähnlichen Fertigungsanforderungen (Technologie und Abläufe) zu bilden, denen Maschinengruppen so zugeordnet werden, daß sich eine ausreichende Kapazitätsauslastung ergibt. Angestrebt wird eine weitestgehende Komplettbearbeitung, mit der sich die Schnittstellen im Fertigungsfluß vermeiden lassen. Durch eine räumliche und organisatorische Zusammenfassung der Betriebsmittel, die Reduzierung der Losgrößen bis zur Auflösung von Losen nach dem "One-Piece-Flow"-Prinzip (Fließfertigung ohne Puffer zwischen den Bearbeitungsstationen, Parallelisierung der Arbeitsgänge) und die dezentrale Fertigungssteuerung bewirkt das Fertigungsinselkonzept nachweislich eine deutliche Reduzierung der Durchlaufzeiten und dementsprechend auch der Umlaufbestände.

Zur Entwicklung einer Neuen Fabrik, die an die unternehmensspezifische Situation angepaßt ist, können die Kernkonzepte miteinander kombiniert und hinsichtlich ihrer Merkmalsausprägungen variiert werden. Einige Möglichkeiten sind in Abbildung 2.3 aufgezeigt.

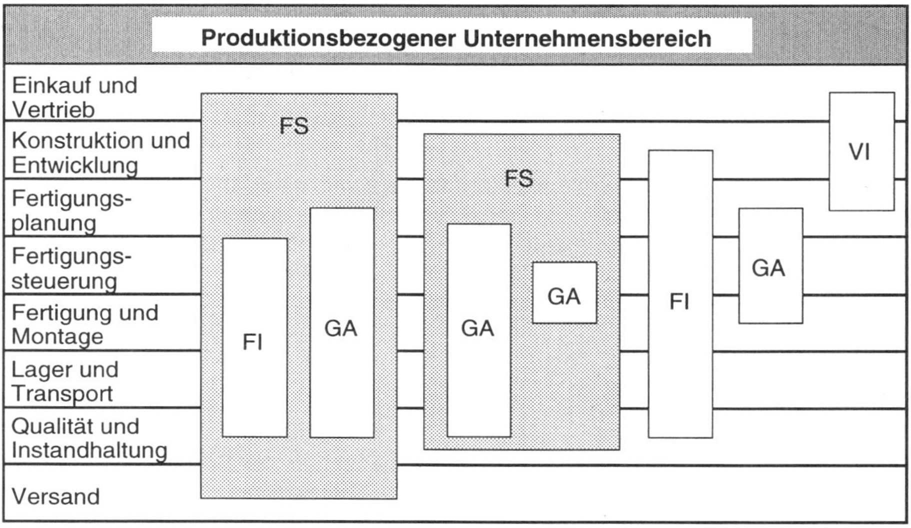

Abb. 2.3: Kombinationen zwischen Fertigungssegmenten (FS), Fertigungsinseln (FI), bzw. Vertriebsinseln (VI) und Gruppenarbeit (GA)

Ein Fertigungssegment, das mehrere Wertschöpfungsstufen umfaßt, kann intern aus mehreren Gruppen und Fertigungsinseln mit unterschiedlichem Umfang indirekter Tätigkeiten bestehen. Dieses ist die weitestgehende Kombinationsmöglichkeit. Es ist zu berücksichtigen, daß die Konzepte der Fertigungssegmentierung und der Fertigungsinsel eindeutige Einsatzsvoraussetzungen benötigen. Zur Realisierung der Fertigungssegmentierung muß die Möglichkeit bestehen, die Produkte zu Gruppen zusammenzufassen, die hinsichtlich der Marktanforderungen und ihrer Anforderungen an die Fertigung ähnlich sind. Bei der Fertigungsinselbildung muß sich bei der Zuordnung der Teilefamilien zu den Maschinengruppen eine ausreichende Kapazitätsauslastung ergeben. Diese Anforderungen lassen sich nicht immer vollständig erfüllen. Es ergeben sich daraus drei weitere Möglichkeiten zur Konzeptkombination:

- die interne Strukturierung der Fertigungssegmente ausschließlich nach dem Prinzip der Gruppenarbeit
- die Strukturierung nicht-segmentierter Fertigungsbereiche nach den Prinzipien der Fertigungsinseln und der Gruppenarbeit
- die Strukturierung nicht-segmentierter Fertigungsbereiche ausschließlich nach dem Prinzip der Gruppenarbeit.

Es soll nicht unerwähnt bleiben, daß auch in den indirekten Bereichen die Möglichkeit besteht, Gruppen oder Inseln zu bilden. Eine Vertriebsinsel könnte z.B. so aussehen, daß in diese die Funktionen des Einkaufs, des Vertriebs, der Konstruktion und der Fertigungsplanung integriert werden. Dadurch kann die Durchlaufzeit bei der Bearbeitung von Kundenanfragen, der Erstellung von Angeboten und der Auftragsabwicklung wesentlich verkürzt werden.

Die damit beschriebenen Kernkonzepte und die Kombinationsmöglichkeiten dürfen allerdings nicht so verstanden werden, als handele es sich um organisatorische Veränderungen, die sich nur mit der strukturellen Gestaltung beschäftigen. Zur Erzielung eines Gesamtoptimums müssen die Wechselwirkungen mit den Gestaltungsfeldern Technik und Personal berücksichtigt werden (Abb. 1.1):

- Bei der Dezentralisierung indirekter Funktionen bis zur Auflösung indirekter Abteilungen ist darauf zu achten, daß die technologische Kompetenz erhalten bleibt. In Kapitel 12 wird diese Frage anhand der Arbeitsplanung dargestellt.
- Für die Auftrags- und Materialdisposition im Rahmen der Selbststeuerung sind Anforderungen an die informationstechnische Unterstützung zu formulieren und umzusetzen (Kapitel 13).
- Die beabsichtigte Selbststeuerung innerhalb der Produktionseinheiten verlangt ein hohes Maß an Autonomie. Das bedeutet für die Führungskräfte, daß ein partizipativer Führungsstil zu pflegen ist (Kapitel 6), um die Mitarbeiter an Entscheidungs- und Informationsprozessen zu beteiligen. Besondere Bedeutung hat dabei das Informations- und Kommunikationskonzept; denn wenn von den Mitarbeitern qualifizierte Entscheidungen und Handlungen erwartet werden, müssen auch vorher die entsprechenden Informationen mitgeteilt werden (Kapitel 7).

Die schwierigste Anpassung besteht sicherlich bei der Veränderung des Führungsverhaltens. Es geht dabei nicht nur um die Vermittlung neuer Führungspraktiken, sondern darum, daß sich das Denken und Verhalten sämtlicher Beschäftigter an den Organisationsprinzipien wie Kunden-, Mitarbeiter-, Wertschöpfungs- und Qualitätsorientierung ausrichtet. Wie beide Veränderungsprozesse, der strukturelle sowie der kulturelle auf dem Weg in die Neue Fabrik berücksichtigt werden können, beschreibt das folgende Kapitel.

Literatur

AWF Integrierte Fertigung von Teilefamilien - Werkzeuge und Methoden zur Planung und Einführung von Fertigungsinseln, Bd. 2. Verlag TÜV Rheinland: Köln, 1990

Nedeß, Chr., *Mallon, J.*, *Strosina, Chr.* Unterstützung des Strukturwandels kleiner und mittlerer Unternehmen. In: Vereinfachen und verkleinern - die neuen Strategien in der Produktion. Hrsg.: Zülch, Gert. Schäffer-Poeschel: Stuttgart, 1994. (Hochschulgruppe Arbeits- und Betriebsorganisation HAB, Forschungsbericht 6)

Niefer, H. Planung, Einführung und Optimierung von Gruppenarbeit in der Fertigung, Dissertation, Technische Universität Berlin, 1993

REFA Methodenlehre der Betriebsorganisation - Grundlagen der Arbeitsgestaltung. Carl Hanser: München, 1993, 2. Aufl.

Wildemann, H. Die modulare Fabrik: Kundennahe Produktion durch Fertigungssegmentierung, gfmt: München 1988, 2. Aufl.

3 Der Weg in die Neue Fabrik

Der Weg in die Neue Fabrik stellt hohe Anforderungen an die Projektverantwortlichen und Führungskräfte, da das Rationalisierungspotential neuer Organisationskonzepte wesentlich vom Faktor Mensch abhängig ist. Die durch Aufgaben- und Kompetenzverteilung entstandenen neuen Strukturen sind durch ein verändertes Verhalten der Mitarbeiter mit Leben zu erfüllen.

Das Neuartige dieser Umstrukturierungen besteht für die Projektverantwortlichen und Führungskräfte darin, daß sie nicht nur "Macher" der Umstrukturierung, sondern auch "Beteiligte" sind, die von den Anforderungen an Denk- und Verhaltensänderungen (Kap. 6) nicht ausgeschlossen sind. Dies wird besonders deutlich bei der Art des Vorgehens, das für ein erfolgreiches Umstrukturierungsprojekt und eine langfristige Ergebnisverbesserung gewählt werden muß. Es sind zwei Veränderungsprozesse gleichzeitig zu forcieren, die **strukturelle** und die **kulturelle** Veränderung (Abb. 3.1). Dabei ist es wichtig, ein gesundes Maß zwischen beiden Prozessen zu finden. Werden nur Seminare oder Workshops aufgesetzt, ohne daß die Mitarbeiter das Gelernte in neue Strukturen einbringen können, werden sie ein gelerntes Verhalten schnell wieder vergessen. Wird bei der Strukturveränderung versäumt, den Mitarbeitern eine Orientierung darüber zu vermitteln, welches Verhalten nun von ihnen erwartet wird, dann wurde zwar viel geändert, ohne daß sich wirklich in Richtung Effizienz etwas verbessert hat.

Die Abstimmung beider Prozesse gelingt am ehesten, wenn im Projektvorgehen auf eine **breite Partizipation** Wert gelegt wird. Aufgrund der Individualität jedes Arbeitssystems in seinen technologischen und sozialen Ausprägungen sowie der unterschiedlichen Fähigkeit sich weiterzuentwickeln, läßt sich ein optimales Konzept nur erarbeiten, wenn es eine enge Kommunikation zwischen dem Planungsteam und den betroffenen Mitarbeitern gibt, d.h. wenn die Mitarbeiter am Projektfortschritt partizipieren und ihn beeinflussen können.

Neben der Partizipation gibt es weitere wesentliche Erfolgsfaktoren, die bei einem effizienten und erfolgreichen Vorgehen zur Gestaltung der Neuen Fabrik zu berücksichtigen sind. Dazu zählen:

- **Festlegung klarer Zielsetzungen**,
  so daß ein Vorgehen vom Groben ins Detail möglich ist und fruchtlose Detaildiskussionen zum Projektbeginn vermieden werden.
- **Installation einer eindeutigen Projektorganisation**,
  in der die Projektaufbau- und -ablauforganisation festgelegt ist und allen Projektbeteiligten als Orientierungsrahmen dient. Bei der Projektaufbauorganisation sind besonders die Verantwortlichkeiten und Kompetenzen zu klären.
- **Implementierung eines Informations- und Kommunikationsprozesses,**
  mit dem kontinuierlich die wichtigsten Informationen über den Projektfortschritt weitergegeben werden und der eine breite Partizipation ermöglicht (Kap. 7).

Ein Projektvorgehen, das diese Erfolgsfaktoren berücksichtigt, soll im folgenden vorgestellt werden. Es orientiert sich an dem in Abbildung 3.1 dargestellten Schema, in

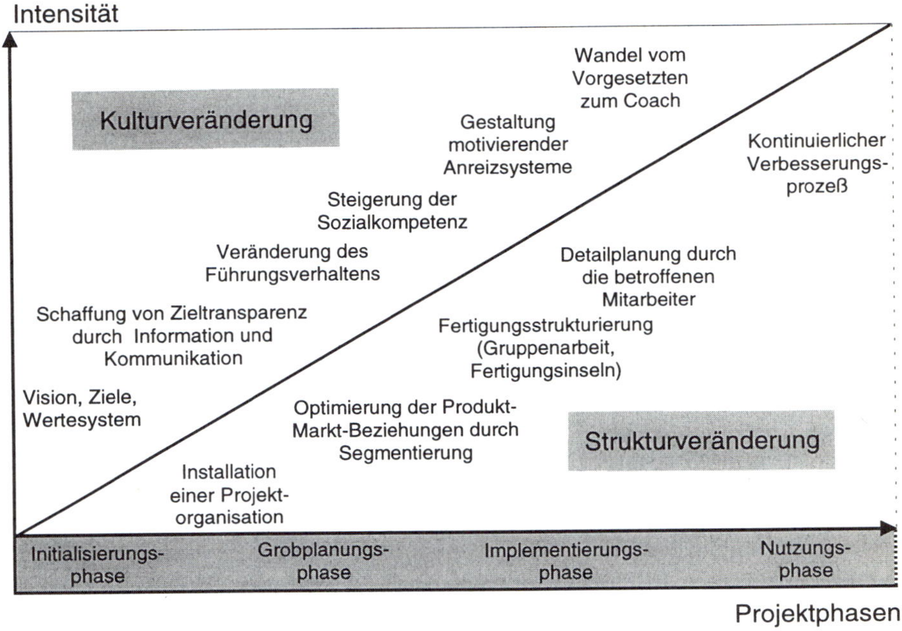

Abb. 3.1: Intensitätsverschiebung kultureller und struktureller Maßnahmen im Projektablauf

dem kultur- und strukturverändernde Maßnahmen den Projektphasen zugeordnet sind. Auf der Ordinate ist die Intensität aufgetragen, mit der die kulturellen oder strukturellen Maßnahmen forciert werden müssen.

Zu Beginn eines Umstrukturierungsprojektes liegt der Handlungsbedarf hauptsächlich in der kulturellen Ebene, da der Prozeß der Zielfindung und der anschließenden unternehmensweiten Information zur Veränderung von Denkgewohnheiten und Grundannahmen führen soll. Nach Abschluß der Grobplanungsphase, wenn ein größerer Teil der Mitarbeiter an der Detailplanung seiner Arbeitssysteme beteiligt ist und Themen wie innerbetriebliche Standortplanung, Layoutplanung sowie Investitionsplanungen bearbeitet werden, ist die Intensität der kulturellen und strukturellen Veränderungen gleichgewichtig. Bei der konkreten Umsetzung der Maßnahmen überwiegt die strukturelle Veränderung. Nach Projektabschluß sind Weiterentwicklungen, je nach Situation auf der kulturellen oder strukturellen Ebene, möglich und notwendig.

Phasen	Maßnahmen	Ergebnisse
Initialisierungsphase	❑ Durchführung einer Vorstudie ❑ Veranstaltung eines Führungskräfteworkshops ❑ Installation einer Projektorganisation ❑ Durchführung von Informationsveranstaltungen ❑ Entwicklung eines Kommunikationskonzepts	❑ Projektkonzeption, bestehend aus Projektzielen, Projektaufbau- und -ablauforganisation, ❑ Kommunikationskonzept ❑ Informationsveranstaltung
Grobplanungsphase	❑ Durchführung von Situationsanalysen ❑ Konzeptentwicklung und Maßnahmenplanung	❑ Bewertetes Grobkonzept für den untersuchten Bereich und ausgewähltes Pilotprojekt
Implementierungsphase	❑ Detailplanung und Implementierung des Pilotprojekts durch die betroffene Gruppe ❑ Begleitung der Pilotgruppe durch einen Moderator ❑ Qualifizierung der Gruppenmitglieder ❑ Optimierung der Rahmenbedingungen durch das Projektteam ❑ Festlegung von Kennzahlen zum Controlling des Pilotprojekts	❑ Produktionsbereite Pilotgruppe ❑ Optimierte Rahmenbedingungen (Fertigungssteuerung, Arbeitszeit, ..) ❑ Kennzahlen zum Controlling
Nutzungsphase	❑ Auswertung des Pilotprojekts ❑ Implementierung der weiteren Produktionseinheiten ❑ Begleitung der gebildeten Produktionseinheiten durch die Führungskräfte ❑ Anpassung der indirekten Fertigungsbereiche	❑ Reorganisierte Fertigungsstruktur mit verbesserten Leistungsergebnissen und der Fähigkeit zur ständigen Weiterentwicklung (kontinuierliche Verbesserung)

Abb. 3.2: Phasen und Maßnahmen zur Gestaltung der Neuen Fabrik

Anhand der in Abbildung 3.1 benannten Phasen wird im folgenden das Vorgehen im Umstrukturierungsprojekt beschrieben. In Abbildung 3.2 sind die einzelnen Phasen, die zugeordneten Maßnahmen sowie die Ergebnisse der Projektphasen zusammenfassend dargestellt. Es ist zu berücksichtigen, daß ein erfolgreiches Vorgehen in einem Umstrukturierungsprojekt stark von der unternehmensspezifischen Situation abhängig ist. An dieser Stelle können und sollen keine Aussagen über die Dauer einzelner Phasen und deren konkrete Inhalte gemacht werden. Vielmehr soll das vorgelegte Ablaufschema einen Rahmen schaffen, mit dessen Hilfe umfangreiche Umstrukturierungsprojekte vorstrukturiert werden können. Neben den Maßnahmen sind jeweils auch die kritischen Erfolgsfaktoren benannt, die aus konkreten Projekten stammen und zur Gewährleistung eines effizienten Vorgehens berücksichtigt werden sollten.

Das vorgestellte Vorgehen zeichnet sich dadurch aus, daß den Mitarbeitern die Möglichkeit geboten wird, mit zunehmendem Konkretisierungsgrad ihr Erfahrungswissen gestaltend einzubringen. Als Resultat ergibt sich ein pragmatisches und dadurch umsetzungsorientiertes Vorgehen.

Initialisierungsphase

Nur selten werden die **ersten Überlegungen** darüber, daß sich im Unternehmen etwas ändern muß, ohne eine Vorgeschichte geführt. Häufig sind bestimmte Mißstände schon mehrmals benannt oder auch einleuchtende Lösungen vorgeschlagen worden. Trotzdem sollte vor der Installation einer Projektorganisation eine Vorstudie durchgeführt werden, um Schwachstellen genauer zu spezifizieren und die Ziele für ein Projekt definieren zu können.

Bei der **Vorstudie** ist unbedingt darauf zu achten, daß sie lösungsneutral begonnen wird. Denn wenn der Projektinitiator schon eine ungefähre Lösung im Kopf hat, kann das Ergebnis der Vorstudie zu leicht über Projektvorgaben und die Auswahl der durchführenden Personen beeinflußt werden. Die Vorstudienergebnisse werden nicht mehr objektiv bewertet, und durch einen eingeschränkten Blick finden sich die Vorurteile nur nochmals bestätigt. In den Vorstudien sollten unbedingt auch Markt- und Kundenanalysen berücksichtigt werden.

In dieser Phase geht es hauptsächlich darum, die Hauptschwächen und -stärken qualitativ zu erfassen, sowie einen Überblick über die Zusammenhänge zu gewinnen. Dafür bieten sich Befragungstechniken (besonders die Interviewtechnik) an, wie sie in Kapitel 5 beschrieben sind, die eine effiziente Durchführung ermöglichen.

Auf der Grundlage der in der Vorstudie gefundenen Schwachstellen sollte die Projektorganisation als Orientierungsrahmen für alle Beteiligten festgelegt werden. Für die Entwicklung von Visionen und Unternehmenszielen, aus denen sich die Projektziele ableiten, sind **Workshops mit den Führungskräften** gut geeignet. Die Ziele sollten [Daenzer 89]:

- ❑ lösungsneutral sein, d.h. die Lösung nicht unzulässig vorgeben
- ❑ vollständig sein, d.h. alle wichtigen Anforderungen an die gewünschte Lösung beinhalten
- ❑ präzise und verständlich sein
- ❑ realistisch sein, d.h. die sachlichen Gegebenheiten der Situation, aber auch die sozialen Gegebenheiten und Wertvorstellungen berücksichtigen.

Ein wichtiger Effekt ist dabei auch, daß es zu einer Klärung über den Inhalt von Begriffen neuer Organisationskonzepte kommt. Es kann im weiteren Projektverlauf nämlich sehr störend sein, wenn noch Mißverständnisse darüber bestehen, welche Projektziele verfolgt werden sollen, und ein unterschiedliches Verständnis über einzuführende Maßnahmen und Konzepte besteht. In diesen Workshops ist möglichst auch schon die Projektaufbau- und -ablauforganisation (Abb. 3.3) zu entwickeln. Für die interdisziplinär zu besetzenden Projektteams sind die Personen zu benennen, und es sollte ein erster Entwurf eines Projektvorgehens mit Meilensteinen erarbeitet werden.

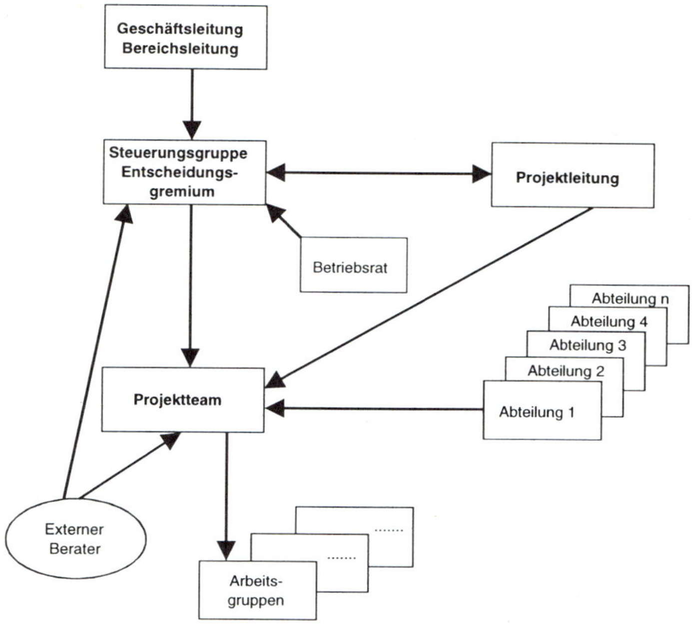

Abb. 3.3: Vorschlag für eine Projektaufbauorganisation [nach AWF 90]

Es hat sich bewährt, für die Durchführung umfangreicher Umstrukturierungsprojekte eine **Projektaufbauorganisation,** wie die in Abbildung 3.3 gezeigte, zu wählen. Sie besteht aus der Steuerungsgruppe als Entscheidungsgremium, dem Projektleiter als Projektverantwortlichen, dem Projektteam, das sich aus Mitarbeitern verschiedener Abteilungen zusammensetzt, und den Arbeitsgruppen, die im Rahmen des Gesamtprojekts Teilaufgaben übernehmen.

An den erwähnten Workshops mit den Führungskräften sollten Vertreter des Betriebsrats teilnehmen, denn im Laufe eines Umstrukturierungsprojekts wird es immer wieder Themen geben, an denen Interessenkonflikte entstehen. Für den Projektfortschritt ist es wichtig, daß alle Teilnehmer einen neuen, offenen Umgang miteinander praktizieren und das Projekt nicht aus taktischen Gründen gefährden.

Eine wesentliche Aufgabe nach der Entscheidung zur Durchführung eines Umstrukturierungsprojekts ist die Entwicklung eines **Kommunikationskonzepts**, denn bevor im Unternehmen etwas verändert werden kann, muß die Bereitschaft zur Veränderung geschaffen werden. Ansonsten ist bei der Datenerhebung in der Grobplanungsphase, in der auch Interviews eine wichtige Rolle spielen, mit einer Verfälschung der Aussagen zu rechnen. Denn wer es nicht für sinnvoll erachtet, am Bestehenden etwas zu ändern, wird auch nicht bereit sein, eine kritische Lagebeurteilung vorzunehmen. Wer andererseits zwar die Notwendigkeit von Veränderungen einsieht, aber keine Möglichkeit erkennt, diese zu verwirklichen, an ihren Erfolg nicht glaubt oder denen nicht traut, die die Veränderungen initiiert haben, wird sich im Rahmen einer Befragung nicht bemühen, vorhandene Schwachstellen aufzuzeigen.

Um den Widerspruch zu vermeiden, daß detailgenau geplant wird, wie die "Eigeninitiative" der Mitarbeiter auszusehen hat und dadurch zu verhindern, daß die Eigenverantwortung der Mitarbeiter für "ihr" Arbeitssystem gestärkt wird, sind die betroffenen Mitarbeiter frühzeitig an den Planungen zu beteiligen. Frühzeitig heißt in den meisten Fällen, daß sie planerisch zumindest nach Abschluß der Grobplanungsphase, wenn die neuen Strukturen und Abläufe schon ungefähr absehbar sind, mit der detaillierten Ausgestaltung ihres Arbeitssystems beauftragt werden. Der Zeitpunkt der konkreten planerischen Beteiligung der Mitarbeiter hängt davon ab, wie hoch ihre Fähigkeiten sind, komplexe Aufgaben zu bewältigen und mit unsicheren Faktoren umzugehen. Auf alle Fälle müssen sie aber schon vor ihrem Planungsbeginn zur Veränderung bereit und über die Projektziele und -inhalte informiert sein.

Die Erzeugung einer Veränderungsbereitschaft kann erreicht werden, indem auf **Informationsveranstaltungen** offen über die Wettbewerbssituation des Unternehmens und die in der Vorstudie entdeckten Schwachstellen informiert wird. Es besteht aber immer die Möglichkeit, die vorliegenden Daten unterschiedlich zu interpretieren und zu präsentieren. Bei der Information über die Ist-Situation des Unternehmens öffnet sich damit ein Spannungsfeld, das als das "Spiel mit der Angst" bezeichnet werden kann. Wird die Ist-Situation beschwichtigend oder schönfärberisch dargestellt, fühlt sich niemand in seiner Ruhe und Sicherheit gestört und wird keinen Anlaß für Umstrukturierungen erkennen. Wenn die Präsentation aber von Szenarien einer Betriebsstillegung und Verlagerung der Produktion in Billiglohnländer begleitet wird, kann der umgekehrte Effekt eintreten, nämlich eine Blockierung der Handlungsbereitschaft.

Als Handlungsmaxime in diesem Spannungsfeld gilt, daß es bei der Kommunikation immer auch um den Aufbau oder Erhalt eines Vertrauensverhältnisses geht und die Glaubwürdigkeit erhalten bleiben muß. Dabei dürfen auch unangenehme Konsequenzen nicht verschwiegen werden. Eine wichtige Rolle im Kommunikationskonzept spielt auch der Faktor Zeit, denn es ist z.B. unmöglich, bei einem bisher autoritären Führungsstil von den Mitarbeitern sofort eine Übernahme von Verantwortung und Eigeninitiative zu erwarten. Es ist zu berücksichtigen, daß über die Informationsvermittlung immer auch eine Qualifizierung in dem Sinne betrieben wird, daß Verständnis und Überzeugungen für die angestrebten Maßnahmen reifen. Der Informationsprozeß muß also immer eng an den Projektfortschritt (hier besonders der Lernfortschritt) gekoppelt sein und darf deshalb in keiner Phase vernachlässigt werden. Die Maßnahmen und Informationskanäle eines Kommunikationskonzepts sind in Kapitel 7 beschrieben.

Grobplanungsphase

In der Grobplanungsphase gilt die Regel, daß keine Maßnahme ohne vorhergehende **Situationsanalyse** erfolgen darf, denn zu groß ist die Versuchung, Lieblingslösungen oder Konzepte, die gerade in Mode sind, unreflektiert zu übernehmen. Deshalb kann es vorkommen, daß im Verlauf der Grobplanungsphase mehrere Situationsanalysen mit unterschiedlichen Aufgabenstellungen und Detaillierungsgraden durchgeführt werden müssen. Um dabei den Erfassungsaufwand zu reduzieren, ist immer zu hinterfragen, welches Kriterium anhand welcher Daten zu untersuchen ist. Auch die Richtigkeit und Aussagefähigkeit ist grundsätzlich zu überprüfen, da häufig die Analysen aus EDV-Systemen relativ einfach zu erhalten sind, aber leider nur selten das Geschehen vor Ort abbilden.

Bei der sich an die Datensammlung anschließenden Datenanalyse und -interpretation kommt es wesentlich darauf an, die Ursachen für aufgedeckte Schwachstellen herauszufinden und diese evtl. durch Detailanalysen zu belegen. Gerade dieser Schritt der Datenauswertung ist besonders sorgfältig durchzuführen, da die weiteren Ziele und Maßnahmen darauf aufbauen. Die japanische Technik des fünfmaligen Fragens nach dem "Warum" eines Problems, um die tatsächlichen Ursachen zu ermitteln, mag uns wesensfremd sein. Es geht auch nicht um ein "fünfmaliges" Hinterfragen, sondern darum, die Situation zu verstehen. Damit verbunden ist die Suche nach Lösungsalternativen, ihre Bewertung und die Auswahl der unternehmensspezifisch bestgeeigneten. Ein Unternehmen, das Probleme mit Beständen hat, sollte nicht vorschnell in ein automatisiertes Hochregallager investieren, sondern sollte versuchen, die Rüstzeiten zu senken, um mit kleineren Losgrößen kürzere Durchlaufzeiten und Umlaufbestände zu erzielen.

Eine Situationsanalyse kann abgeschlossen werden, indem die Ergebnisse vor der Steuerungsgruppe präsentiert und diskutiert werden. Das Projektteam erhält dadurch Rückmeldung, ob alle wesentlichen Schwachstellen erfaßt wurden. Auf dieser Grundlage sollte die Steuerungsgruppe die Ziele der Umstrukturierung weiter konkretisieren und das Projektteam mit der unternehmensspezifischen **Konzeptentwicklung und Maßnahmenplanung** beauftragen.

Bei der Entwicklung eines unternehmensspezifischen Organisationskonzepts stehen dem Projektteam drei Konzepte zur Verfügung, die auf ihre Anwendbarkeit hin überprüft werden müssen, nämlich die Fertigungssegmentierung [Wildemann 88], die Fertigungsinselbildung [AWF 90] und die Gruppenarbeit [Niefer 93]. Dieses Vorgehen mag auf den ersten Blick sehr lösungsorientiert und wenig unternehmensindividuell erscheinen. Bei dem hier verfolgten Hauptziel der Neuen Fabrik, der drastischen Ergebnisverbesserung durch Schnittstellenreduzierung (aufgrund horizontaler und vertikaler Integration) stehen aber auf der konzeptionellen Ebene nur die drei oben genannten Grundformen zur Verfügung. Da der kontinuierliche Verbesserungsprozeß in diesem Sinne nicht strukturverändernd wirkt, wird er auf dem Weg in die Neue Fabrik nur am Rande behandelt. Eine vertiefte Darstellung findet sich in Kapitel 11.

Die drei Kernkonzepte bieten durch ihre Kombinationsmöglichkeiten und die Variation der Merkmalsausprägungen genügend Spielraum bei der unternehmensspezifischen Anpassung. Bei der unternehmensindividuellen Konzeptentwicklung und der vorhergehenden Eignungsprüfung der drei Organisationskonzepte anhand von k.o.-Kriterien, ist es empfehlenswert, vom Groben zum Detail zu arbeiten. Das bedeutet, daß die Planungsreihenfolge aus Fertigungssegmentierung, Fertigungsinselbildung und Gruppenarbeit besteht. Anhand von Ablaufdiagrammen werden im folgenden die wesentlichen Planungsschritte erläutert. Mit den konkreten Zielen, den Gestaltungsprinzipien und Hinweisen zum Vorgehen bei der Einführung der drei Organisationskonzepte beschäftigen sich in Teil B die Kapitel 8, 9 und 10.

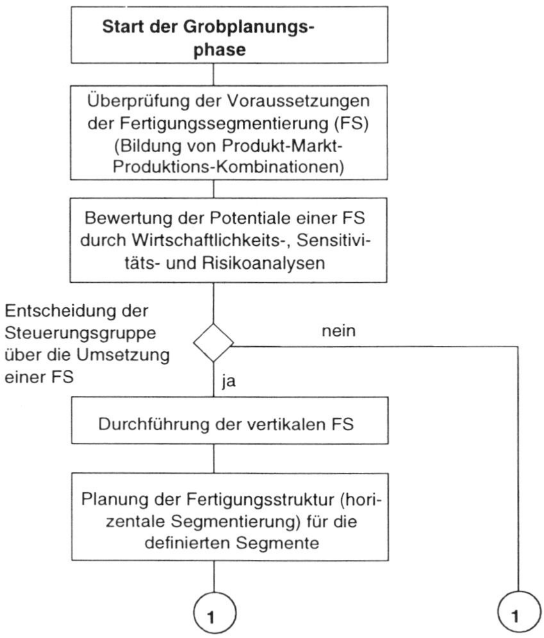

Abb. 3.4: Planungsablauf zur Bildung von Fertigungssegmenten

Abbildung 3.4 zeigt den Planungsablauf zur Bildung von **Fertigungssegmenten**. Zunächst ist zu überprüfen, ob sich innerhalb der Produkt-Markt-Beziehungen des Produktspektrums gravierende Unterschiede feststellen lassen, so daß sich Klassen von Produkten mit ähnlichen Marktanforderungen definieren lassen. Stellen die gebildeten Klassen auch noch ähnliche Anforderungen an das Produktionssystem, dann sind das günstige Voraussetzungen zur Bildung von Fertigungssegmenten. Mit Hilfe von Wirtschaftlichkeits-, Sensitivitäts- und Risikoanalysen sind die Potentiale der angedachten Fertigungssegmente zu bewerten. Diese Analysen können zu diesem Zeitpunkt nur auf einer groben Ebene durchgeführt werden, da zwar die

Produkte, Betriebsmittel und Mitarbeiter den Segmenten schon zugeordnet sind, aber die internen Strukturen noch nicht festliegen. Besonders wichtig ist die Durchführung von Risiko- und Sensitivitätsanalysen gegenläufiger Absatzschwankungen zwischen den Produktgruppen, da diese mit Fertigungssegmenten, aufgrund der fest zugeteilten Kapazitäten, nur schwer ausgeglichen werden können.

Auf der Grundlage dieser Analysen entscheidet die Steuerungsgruppe über die Umsetzung der Fertigungssegmentierung. Bei positiver Entscheidung sollte umgehend damit begonnen werden, die vertikale Segmentierung (d.h. Festlegung von Verantwortlichkeiten, Zuordnung der Mitarbeiter und Betriebsmittel, o.ä.) durchzuführen. Parallel zur Realisierung der vertikalen Segmentierung kann die Planung der internen Fertigungsstruktur der Segmente (auch horizontale Fertigungssegmentierung genannt) gestartet werden.

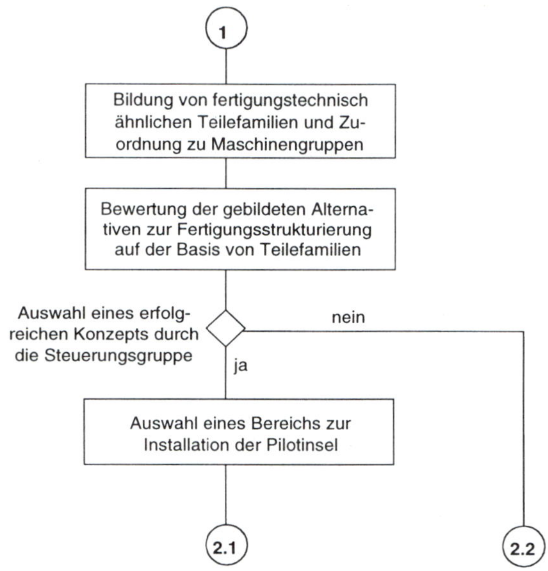

Abb. 3.5: Planungsablauf zur Bildung von Fertigungsinseln

Die dabei zu erfüllenden Ziele und zu bewältigenden Aufgaben sind dieselben wie bei der Strukturierung einer nicht-segmentierten Fertigung. Aus diesem Grund beginnt der Planungsablauf für die Fertigungssegmente sowie für die nicht-segmentierte Fertigung in Abbildung 3.5 mit dem Punkt ①. Hierbei handelt es sich um den Planungsablauf zur Bildung von **Fertigungsinseln**. Während die Optimierungsaufgabe und damit das Entscheidungskriterium bei der Fertigungssegmentierung darin besteht, Produktgruppen zu definieren, die hinsichtlich ihrer Marktbeziehungen und ihrer Anforderungen an das Produktionssystem ähnlich sind, müssen bei der Fertigungsinselbildung Teilefamilien gefunden werden, die hinsichtlich der erforderlichen

Fertigungstechnologie ähnlich sind und Maschinengruppen so zugeordnet werden können, daß insgesamt eine ausreichende Kapazitätsauslastung erreicht wird. Zur Erreichung eines Gesamtoptimums bei der Strukturierung eines Fertigungsbereichs auf der Basis von Teilefamilien sollten alle Teile und Betriebsmittel des Bereichs in die Untersuchung mit einbezogen werden. Ansonsten können auf der Grundlage einer eingeschränkten Teileauswahl nur "Rosinenlösungen" geschaffen werden, die eine weitere Strukturierung nach dem Prinzip der Fertigungsinsel verhindern.

Auf der Grundlage einer Wirtschaftlichkeitsbewertung entscheidet die Steuerungsgruppe über die Auswahl und Umsetzung einer Strukturalternative. Vor der bereichsweiten Einführung von Fertigungsinseln ist es sinnvoll, zunächst anhand von Pilotprojekten mit neuen Arbeitsformen zu experimentieren und Erfahrungen zu sammeln, die für die weitere Umsetzung benötigt werden. Der letzte Schritt zur Planung von Fertigungsinseln besteht demnach darin, einen Pilotbereich mit einem hohen Verbesserungspotential auszuwählen.

Falls es nicht möglich ist, eine wirtschaftlich tragfähige, alternative Fertigungsstruktur auf der Basis von Teilefamilien zu entwickeln, bietet sich als letztes Organisationskonzept zur Vermeidung von Schnittstellen die **Gruppenarbeit** an. Auch hierbei ist es empfehlenswert, zunächst anhand von **Pilotprojekten** Erfahrungen mit neuen Arbeitsformen zu sammeln, so daß zur Einführung von Gruppenarbeit ein Pilotbereich auszuwählen ist (Abb. 3.6).

Die Aufgabe des Projektteams besteht bei der Grobplanung des Pilotprojekts darin, diese soweit voranzutreiben, bis eine Potentialbewertung möglich ist und die Detailplanungen von der betroffenen Gruppe übernommen werden können. Es sind immer mehrere Alternativen zu entwickeln und auf ihre Umsetzbarkeit zu überprüfen, um nicht mit einer frühzeitig präferierten, vermeintlich guten Lösung eine bessere zu übersehen.

Damit die Pilotgruppe schon frühzeitig auf ihre zukünftige Aufgabe vorbereitet wird und Einfluß nehmen kann, sollte mindestens ein Gruppenmitglied an den Grobplanungen des Projektteams beteiligt sein. Es bringt einerseits Praxiserfahrungen in die Planungen ein und unterrichtet gleichzeitig die anderen Gruppenmitglieder über den Planungsstand. Der Zeitpunkt, ab wann die Pilotgruppe damit beauftragt wird, die Detailplanungen für ihr Arbeitssystem zu übernehmen, hängt wesentlich von den Fähigkeiten der Gruppe ab, komplexe Aufgaben mit unsicheren Randbedingungen zu bewältigen. Es ist dabei zu berücksichtigen, daß sowohl eine Überforderung als auch eine Unterforderung durch zu starke Einschränkungen bei den Gruppenmitgliedern zu Frustrationen führen kann.

Bei der Entscheidung der Steuerungsgruppe über die Durchführung eines Pilotprojektes sind neben den kurzfristigen kostenrechnerischen Aspekten hauptsächlich strategische Überlegungen zu berücksichtigen. Denn gerade die Einführung und konkrete Ausgestaltung mitarbeiterorientierter Arbeitsformen ist wesentlich von unternehmensspezifischen Einflüssen abhängig und benötigt deshalb ein Erfahrungswissen, das häufig nur durch "Experimente" mit Pilotprojekten gewonnen werden kann.

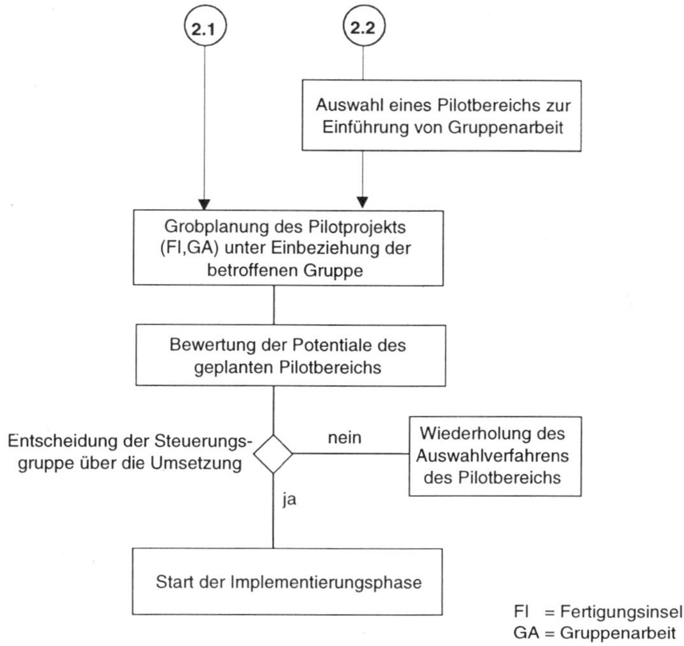

Abb. 3.6: Planungsablauf zur Gestaltung von Pilotprojekten

Nach der Entscheidung der Steuerungsgruppe zur Realisierung des Pilotbereichs, startet die Implementierungsphase. Inwieweit die Mitglieder der betroffenen Gruppe selbständig ihr Arbeitssystem gestalten oder eine Unterstützung durch das Projektteam benötigen, ist unternehmens- und gruppenindividuell zu entscheiden.

Als Ergebnis der Grobplanungsphase liegt ein Fertigungskonzept vor, bei dem die Organisationskonzepte der Fertigungssegmentierung, der Fertigungsinselbildung und der Gruppenarbeit auf die unternehmensindividuelle Eignung überprüft und angepaßte Alternativen entwickelt wurden, die nach einer Bewertung und positiven Entscheidung durch die Steuerungsgruppe realisiert werden können.

Zu diesem Zeitpunkt ist häufig schon absehbar, wieviele selbststeuernde Produktionseinheiten sich neben der Pilotgruppe bilden lassen. Es stellt sich damit die Frage, wie die darüberliegende Aufbauorganisation auszusehen hat und welche Perspektiven Führungskräften aus dem mittleren Management zukünftig geboten werden können, die ausgezeichnete Fachkräfte sind, aber Defizite hinsichtlich ihres Führungsverhaltens aufweisen. Eine allgemeine Antwort kann hier nicht gegeben werden, sondern ist unternehmensindividuell, möglichst frühzeitig auszuarbeiten. Mit einem spöttischen Verweis auf die Lehmschicht (oder auch Lähmschicht) des mittleren Managements fällt es leicht, sofort an Personalfreisetzungen zu denken. Andererseits gilt aber auch, daß Umstrukturierungen niemals gegen das mittlere Management, sondern nur mit diesem gemeinsam zu bewältigen sind. Vor allem muß bei den Restrukturierungsmaßnahmen die Frage des Erhalts der Fachkompetenz sorgfältig bedacht werden.

Ebenso wesentlich wie die frühzeitige Anpassung der Führungshierarchien ist die Anpassung des Arbeitszeit- und Entlohnungsmodells an die neuen Fertigungsstrukturen. Es ist darauf zu achten, daß die Produktionseinheiten im Rahmen der Selbststeuerung durch eine Flexibilisierung der Arbeitszeit ihre Personalkapazität dem Bedarf anpassen können. Die durch das Entlohnungssystem vorgegebenen Ziele müssen mit denjenigen der Produktionseinheiten korrespondieren; ansonsten sind sie anzupassen.

Implementierungsphase

Der Planungszeitraum für die Gruppenmitglieder zur **detaillierten Gestaltung des Pilotprojekts** variiert in der Praxis zwischen einer Woche mit ganztägigen Schulungs- und Planungseinheiten bis zu mehreren Monaten mit zweistündigen Treffen pro Woche. Diese große Variationsbreite verdeutlicht, daß jedes Unternehmen mit Hilfe der Pilotprojekte herausfinden muß, welche Abstufung der Planungszeiträume zwischen den einzelnen Planungsstufen für die Implementierung der weiteren selbststeuernden Produktionseinheiten für sie ein effizientes Vorgehen gewährleistet. Hier gilt es, ein Optimum derart zu finden, daß die Planungszeiträume nicht so lang werden, daß die Handlungsfähigkeit des Unternehmens in Gefahr gerät, aber auch nicht so kurz angesetzt werden, daß der erwartete Erfolg nicht eintreten kann.

Für eine gut funktionierende Gruppenarbeit, die schon in der Planungsphase einzuüben ist, sind Fähigkeiten und Kenntnisse erforderlich, die bisher nicht abgefordert wurden. Ein **Qualifizierungskonzept** sollte deshalb darauf abzielen, fachliche, methodische und soziale Kompetenzen zu fördern. Die Moderation der Gruppengespräche und der gruppendynamischen Prozesse am Anfang der Planungen kann im Zusammenhang mit den Qualifizierungsmaßnahmen nur zum Ziel haben, der Gruppe einen reibungslosen und zügigen Übergang in die Selbständigkeit zu ermöglichen. Der **Moderator** übernimmt dabei zunächst auch die Vertretung der Pilotgruppe in der Steuerungsgruppe, so daß Vorschläge und Maßnahmen der Gruppe schnell umgesetzt werden können.

In dieser Phase ist es notwendig, parallel zur Planung der Pilotgruppe, die **indirekten Bereiche**, wie z.B. Arbeitsplanung, Arbeitssteuerung oder Qualitätssicherung, zu optimieren und an die Bedarfe der Pilotgruppe anzupassen. Da das Projektteam mit der Vorlage des Grobkonzepts seine Tätigkeit abgeschlossen hat, sind für die Optimierung der indirekten Bereiche Arbeitsgruppen (Abb. 3.3) zu bilden.

Die Aufgabe der direkten Führungskraft besteht in dieser Phase darin, sich soweit wie möglich zurückzuhalten und die Arbeit der Pilotgruppe nicht durch direkte Anweisungen einzuschränken. Wohl muß er sich über den Projektfortschritt informieren lassen. Neben ihm gibt es aber noch andere Interessengruppen, die über den Fortgang informiert sein wollen, so z.B. der Betriebsrat sowie Führungskräfte und Mitarbeiter aus anderen direkten und indirekten Bereichen. Hierbei stellt sich heraus, wie gut das bisherige Kommunikationskonzept gewesen ist und inwieweit eine Transparenz über die Unternehmenssituation und -ziele hergestellt werden konnte. Empfindlich störend kann es nämlich für die Pilotgruppe sein, wenn von verschiedenen Seiten widersprüchliche Informationen über ihre Planungsgrundlagen gegeben werden (so z.B. die Lebensdauer der Produkte, deren Prozesse sie optimieren, oder die Sperrung von bewilligten Investitionsmitteln).

Schon zu Beginn des Pilotprojekts sollte festgelegt werden, wann und nach welchen **Kennzahlen eine Beurteilung** des laufenden Pilotprojekts durchzuführen ist, damit die gewonnenen Erfahrungen in das weitere Vorgehen im Umstrukturierungsprojekt einfließen können. Diese Experimentierphase innerhalb des Umstrukturierungsprojekts darf sich nicht zu lange hinziehen, ansonsten verliert das gesamte Projekt an Schwung, werden Entscheidungen und Maßnahmen vertagt und es kann nur schwerlich wieder in Gang gebracht werden.

Nutzungsphase

Der Sinn der Pilotprojekte liegt im wesentlichen darin, durch Experimentieren (und Fehler machen dürfen!) Sicherheit und Vertrauen zu gewinnen. Nach Abschluß dieser Phase ist es wichtig, möglichst schnell und umfassend weitere selbststeuernde Produktionseinheiten zu implementieren und damit ganze Betriebsteile zu erfassen. Ansonsten besteht die Gefahr eines erheblichen Verlusts an Dynamik bis hin zum Scheitern einer ganzheitlichen Lösung. Gründe hierfür können einerseits im Erstarken des Beharrungsvermögens der anderen Betriebsteile liegen und andererseits durch "Neidkomplexe" gegenüber der exponierten Pilotgruppe hervorgerufen werden.

Absolute Zeiten für die Dauer eines derartigen Durchdringungsprozesses können an dieser Stelle seriös nicht genannt werden, da hier Ausgangssituation, Betriebsgröße, Produktspektrum, Fertigungstypologie usw. eine entscheidende Rolle spielen. Dennoch soll gewagt werden, einen Zeitraum von nicht mehr als zwei Jahren zu nennen, in dem die wichtigsten Fortschritte gemacht werden sollten.

Eine **Begleitung** der implementierten Gruppen in der Nutzungsphase ist von entscheidender Bedeutung, denn bevor Verhaltensweisen soweit erlernt sind und sich verfestigt haben, daß von einem stabilen System gesprochen werden kann, sind lange Übungs- und Optimierungsphasen zu durchlaufen. Unter einem stabilen Arbeitssystem ist hierbei eine Anzahl von Gruppen zu verstehen, die Konflikte selbständig lösen, ihr Arbeitssystem kontinuierlich verbessern und fähig sind, es an neue Anforderungen anzupassen. Dem ehemals Vorgesetzten mit "Weisungsdrang" obliegt vermehrt die Aufgabe, sein Führungsverhalten dahingehend zu verändern, die selbststeuernden Produktionseinheiten zu unterstützen. Seine Aufgabe ist es nicht, Detailaufgaben zu lösen und Anweisungen zu geben und dadurch im System zu arbeiten, sondern vielmehr am System zu arbeiten und zu versuchen, dieses zu optimieren.

Selbstverständlich ist es, daß nicht schon zum Produktionsstart einer Gruppe alle möglichen **indirekten Tätigkeiten** übertragen werden. Dies muß zur Vermeidung einer Überforderung erst mit dem Lernfortschritt allmählich geschehen, wobei hier erneut Pilotprojekte bzw. -phasen höchst sinnvoll sind. Letztlich muß erkannt werden, daß es einen Abschluß einer Umstrukturierung nicht geben wird. Solange im Umfeld eines Unternehmens Bewegung herrscht, wird auch innerhalb des Unternehmens durch ständige Veränderung auf das Marktgeschehen reagiert werden müssen. Die häufige Frage der Mitarbeiter, wann endlich wieder Ruhe in den Unternehmensalltag einkehren wird, muß mit "nie" beantwortet werden. Dies gilt unbeschadet davon, daß der Umfang der Veränderungen nicht immer Quantensprünge bedeutet, sondern sich ebenfalls in kleineren, aber kontinuierlichen Verbesserungen niederschlägt, wenn erst einmal mit großen Schritten begonnen wurde.

Literatur

AWF — Integrierte Fertigung von Teilefamilien - Werkzeuge und Methoden zur Planung und Einführung von Fertigungsinseln, Bd. 2. Verlag TÜV Rheinland: Köln, 1990

Daenzer, W. F. — Systems engineering: Leitfaden zur Durchführung umfangreicher Planungsvorhaben. Verlag Industrielle Organisation: Zürich, 6. Aufl. 1988 - Nachdruck 1989

Niefer, H. — Planung, Einführung und Optimierung von Gruppenarbeit in der Fertigung, Dissertation, Technische Universität Berlin, 1993

Wildemann, H. — Die modulare Fabrik: Kundennahe Produktion durch Fertigungssegmentierung, gfmt: München 1988, 2. Aufl.

4 Fallbeispiele

Mit den folgenden zwei Fallbeispielen sollen die jeweils spezifischen Vorgehensweisen der Unternehmen bei der Umstrukturierung verdeutlicht werden und die erzielten Ergebnisse und Erfahrungen zur Nachahmung anregen. Die Fallbeispiele wurden derart ausgewählt, daß eines als weitgehend abgeschlossen angesehen werden kann, während das zweite sich noch in der Umsetzungsphase befindet. Abgeschlossene Projekte vermitteln häufig den Eindruck, alles sei überhaupt kein Problem, da der Erfolg Probleme vergessen macht. Daher wurde als zweites Fallbeispiel bewußt ein "laufendes" Projekt gewählt.

Fallbeispiel 1

Ausgangssituation

Es handelt sich um ein mittelständisches Maschinenbauunternehmen mit Serienfertigung und mehrteiligen Erzeugnissen mit komplexer Struktur. Ende der achtziger Jahre zeichneten sich bei diesem Unternehmen mit Werkstattfertigung Schwierigkeiten bei der Einhaltung von Lieferpreis und -terminen sowie Qualitätsprobleme ab. Sie wurden durch interne Schwachstellen, wie hohe Umlaufbestände, lange Auftrags- und Fertigungsdurchlaufzeiten, hohe Herstellkosten, bürokratische Organisation und fehlende Motivation der Mitarbeiter, verursacht.

Vorgehen bei der Umstrukturierung

Zur Überwindung der Probleme wurde ein Umstrukturierungsprojekt gestartet, das sich mit der Einführung eines neuen PPS-Systems, der Neugestaltung eines Montagebereichs und der Planung und Einführung von Fertigungsinseln beschäftigte. Im folgenden soll das Vorgehen der Projektgruppe zur Bildung von Fertigungsinseln, bestehend aus Mitarbeitern der Arbeitsvorbereitung, der Logistik und der Fertigung, betrachtet werden. Nach einer längeren Planungszeit (Abb. 4.1), unter Einsatz von Klassifizierungs- und Simulationssystemen, entstand ein Konzept, das nach mehreren Monaten der Feinplanung in Form einer Pilotinsel auch umgesetzt wurde. Gleichzeitig wurde von einer anderen Projektgruppe ein Vorschlag zur Beschaffung einer Montagelinie entwickelt, die einen erheblichen Investitionsbedarf erforderte. Die Geschäftsführung lehnte diesen Vorschlag mit dem Hinweis ab, zunächst die Vorgehensweise eines Tochterunternehmens in Amerika bei der Bildung von Fertigungs- und Montageinseln zu studieren. An diesem Erfahrungsaustausch nahmen auch Mitglieder der Projektgruppe "Fertigungsinsel" teil.

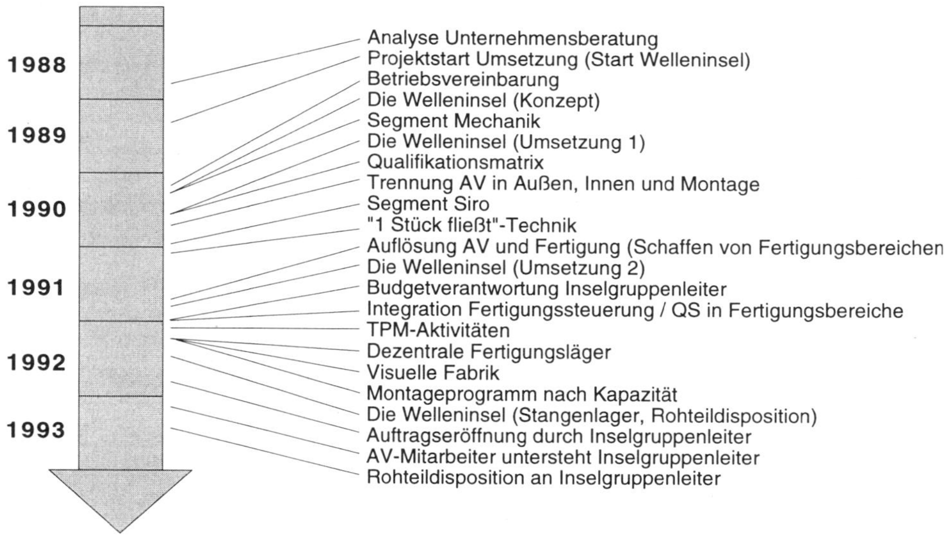

Abb. 4.1: Ablaufplan der Umstrukturierung [Proventus]

Der Erfahrungsaustausch mit dem amerikanischen Unternehmen, das eine sehr pragmatische Implementierung von Fertigungs- und Montageinseln verfolgte, prägte wesentlich das weitere Vorgehen des Projektteams. An der bestehenden Pilotinsel, der Welleninsel, konnten entscheidende Verbesserungen vorgenommen werden, wie z.B. die Einführung des "One-Piece-Flow"-Konzepts, die Dezentralisierung der Fertigungsläger, die Integration von Wartungs- und Instandhaltungsaufgaben und die Visualisierung von Produktivitäts- und Qualitätskennzahlen. Man entschloß sich, die gesamte Fertigung und Montage nach dem Inselprinzip zu strukturieren. Dazu wurde die schon begonnene Segmentierung durch die Schaffung von selbständigen Fertigungsbereichen, in die die Fertigungssteuerung und die Qualitätssicherung integriert wurden, vollendet.

Die Zeit für die Planung der weiteren Fertigungs- und Montageinseln konnte erheblich verkürzt werden. Bei der Grobplanung wurden Teilefamilien im Rahmen eines Workshops unter Beteiligung von Fertigungsmeistern, Mitarbeitern der Arbeitsvorbereitung sowie der Konstruktion gebildet. Dies geschah nach der sogenannten Konferenztischmethode, indem alle relevanten Teile und Arbeitspläne eines Fertigungsbereiches mit Hilfe des Erfahrungswissens verschiedenen Klassen zugeordnet wurden. Danach wurden die benötigten Maschinen, die Anzahl der Mitarbeiter und der Flächenbedarf festgelegt. Direkt an diese Grobplanung schloß sich die gestaltende Umsetzung durch die Inselmitarbeiter an.

In einer eintägigen Schulungseinheit wurden die Mitarbeiter in den Zielen der Inselfertigung, insbesondere dem "One-Piece-Flow"-Konzept, sowie im Ablauf und in den Methoden des KVP-Prozesses unterrichtet. Am zweiten Tag begann nach einer kurzen Planungsphase, in der von den betroffenen Mitarbeitern der Standort der Schlüsselmaschine ermittelt wurde, die Umsetzung der Maschinen. Darauf aufbauend wurden dann die Standorte der übrigen Betriebs- und Hilfsmittel unter dem Gesichtspunkt der Ablaufoptimierung festgelegt. Bei der Maschinenumsetzung stand den Inselmitarbeitern ein Team, bestehend aus vier Mitarbeitern (Maschinenschlosser, Elektriker, Klempner und Gabelstaplerfahrer), zur Verfügung. Die Umsetzung und das Anschließen der Maschinen benötigte 1-2 Wochen.

Voraussetzung für die Durchführung der Umsetzung war das Maxim der "gedanklichen Freiheit", d.h. die Inselmitarbeiter konnten ihre Maschinen solange umstellen, bis aus ihrer Sicht eine optimale Lösung gefunden war. Währenddessen hatten selbst die Führungskräfte kein Einspruchsrecht. Erst nach diesem Prozeß wurde das Layout vom Sicherheitsingenieur bzgl. der Arbeitssicherheit überprüft. Vor der Inbetriebnahme wurden die Fertigungs- und Montageinseln der Geschäftsführung und anderen Fertigungsmitarbeitern präsentiert.

Das Aufgabenspektrum der Inselmitarbeiter umfaßt im laufenden Betrieb:

- Rüsten, Fertigen
- Selbstprüfung
- Einfache Maschinenwartung
- Rohteileabruf, -bereitstellung
- Fertigteilanlieferung an Insellager
- Reihenfolgeplanung
- Rückmeldung
- Kontinuierliche Verbesserung
- Gruppengespräche

Für alle Mitarbeiter besteht das Angebot, sich weiterzuqualifizieren, um möglichst viele Aufgaben innerhalb ihres Arbeitssystems übernehmen zu können. Die jeweilige Qualifizierung der Mitarbeiter, d.h. welche Funktionen sie ausführen können, wird an einer Informationstafel dokumentiert.

Eine erforderliche Veränderung des Führungsverhaltens wurde unterstützt durch Qualifizierungsmaßnahmen mit den Schwerpunkten "Delegation von Verantwortung", "Führen von Mitarbeitergesprächen" und "Kommunikationstraining". Aus der Einsicht, daß nur gut informierte Mitarbeiter auch eigenverantwortlich im Sinne der Unternehmensziele handeln können, wurde besonderes Gewicht auf einen durchgängigen Informationsfluß gelegt. Dazu finden regelmäßige Treffen auf allen Ebenen zur Vermittlung der Unternehmensstrategie und -ziele sowie der Bekanntgabe aktueller Leistungskennzahlen (z.B. Absatz, Bestände, Produktivität) statt. Zusätzlich werden die Unternehmensstrategien und -kennzahlen an den bereits genannten Informationstafeln in den Fertigungsinseln veröffentlicht.

Das Betriebliche Vorschlagswesen stellte sich als ungeeignet heraus, die Vorschläge der Mitarbeiter in der erforderlichen kurzen Zeit zu bewerten und umzusetzen. Zur Zeit werden deshalb Überlegungen angestellt, den Inselgruppenleitern (Leiter mehrerer Fertigungsinseln) und dem Fabrikleiter einen Etat zur Prämierung von Verbesserungsvorschlägen zur Verfügung zu stellen. Dieser muß nicht nur in Form finanzieller Prämien ausgeschüttet werden, sondern kann ebenso für kommunikative bzw. gesellschaftliche Aktivitäten (Grillabend) eingesetzt werden.

Erfolge

Bis auf wenige Restbereiche ist mittlerweile die gesamte Teilefertigung und Montage nach dem Inselprinzip strukturiert. Teile, die in den gebildeten Inselstrukturen nicht kostengünstig gefertigt werden konnten, wurden an Zulieferer vergeben. Für den Fertigungsbereich zur Herstellung auslaufender Produkte sowie dem Werkzeugbau wurde das Werkstattprinzip beibehalten. Diese Werkstattbereiche waren aber ebenfalls aufgefordert, nach einer Schulungseinheit über die Methoden und den Ablauf eines kontinuierlichen Verbesserungsprozesses ihr Arbeitssystem neu zu gestalten. Die bisher erzielten Erfolge des gesamten Umstrukturierungsprojekts sind in Tabelle 4.1 dargestellt.

Tabelle 4.1: Erfolge der Umstrukturierung

Merkmal	1990 - 1994
Auftragsdurchlaufzeit	von 12-14 auf 1-2 Wochen
Produktivität (gesamt) (Leistung pro Mitarbeiter)	+ 52 %
Umlaufbestände	- 60 %
Fertigungstiefe	- 39 %

Fallbeispiel 2

Ausgangssituation

In diesem Fallbeispiel handelt es sich um ein mittelständisches Unternehmen mit Serien- und Auftragsfertigung mehrteiliger Erzeugnisse mit komplexer Struktur aus der Branche Maschinenbau/Feinmechanik. Die Fertigung ist auf vier Standorte innerhalb Deutschlands verteilt, an denen innovative Produkte für die Medizintechnik hergestellt werden.

Die Technologieführerschaft für das breite Produktspektrum konnte durch die bisherige intensive Förderung der Produktentwicklung erreicht werden. Bei den Bemühungen diese Position zu erhalten oder in einigen Bereichen weiter auszubauen, zeigten sich deutliche Schwachstellen in der Fertigungsstruktur, die sich hauptsächlich in einer zu hohen Kostenstruktur ausdrückten. Die Ursachen dafür lagen wie auch im ersten Fallbeispiel in zu langen Auftrags- und Bearbeitungszeiten, bürokratischer, arbeitsteiliger Organisation und fehlender Motivation der Mitarbeiter.

Vorgehen bei der Umstrukturierung

Da das gesamte Umstrukturierungsprojekt noch nicht abgeschlossen ist, können noch keine Endergebnisse präsentiert werden. Die ersten Ergebnisse der Pilotprojekte ermutigen jedoch das Unternehmen auf dem gewählten Weg voranzuschreiten. Deshalb wird im folgenden das Vorgehen und die dabei gemachten Erfahrungen vorgestellt (Abb. 4.2).

Die ersten Überlegungen darüber, daß die Produktionsstrukturen zur Kostenreduzierung und Effizienzsteigerung verändert werden müssen, wurden bereits im Sommer 1993 mit der Reorganisation der Verantwortlichkeiten in der Führungsebene begonnen. Einem Fertigungsleiter, der direkt der Geschäftsführung berichtet, sind fünf Werkleiter der vier verschiedenen Standorte unterstellt. Hauptschwerpunkt der Umstrukturierungen ist das Stammwerk in Hamburg.

Das Produktspektrum im Stammwerk weist deutliche Unterschiede in den Produkt-Markt-Beziehungen auf, so daß zwei Segmente mit unterschiedlichen Wettbewerbsstrategien definiert werden konnten. Eines ist für die Produktion von Serienprodukten zuständig und das andere für die Auftragsfertigung mit Einzel- und Kleinserienfertigung. Die einzelnen Fertigungsabteilungen wurden zunächst demjenigen Segment zugeordnet, für das die meisten Arbeitsstunden geleistet werden. Für jedes Segment wurde ein Segmentleiter eingesetzt. Durch die Integration indirekter Funktionen konnten die Segmente zu weitgehend eigenständigen Werken ausgebaut werden, die durch Budget-Vorgaben als Profit-Center geführt werden. Die detaillierte Umsetzung der Segmentierung, d.h. die Umschreibung der Arbeitspläne und Zuordnung einzelner Mitarbeiter und Betriebsmittel zu den Segmenten, muß als längerfristiger Prozeß verstanden werden, der erst in der Mitte 1994 als weitgehend abgeschlossen angesehen werden kann.

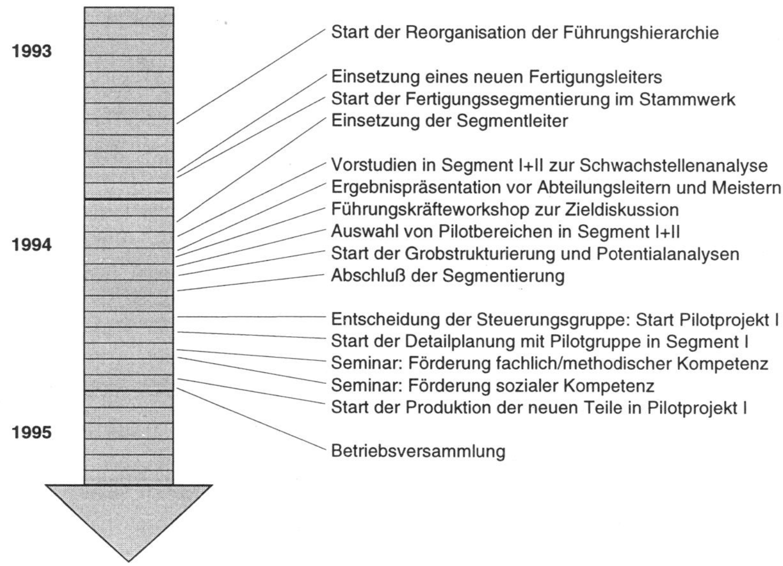

Abb. 4.2: Ablaufplan der Umstrukturierung

Parallel zur Vollendung der Segmentierung begannen Anfang 1994 die Überlegungen darüber, wie die Segmente intern zu strukturieren sind. Durch Vorstudien in beiden Segmenten konnten die wesentlichen Schwachstellen entdeckt werden. Sie dienten bei einer Zieldiskussion im Rahmen eines Führungskräfte-Workshops als Diskussionsgrundlage. Ein weiteres Ziel des Workshops war die Vermittlung neuer Organisationskonzepte, damit unternehmensintern ein einheitliches Verständnis über die Inhalte und Ziele neuer Konzepte vorhanden ist und es bei den weiteren Planungen nicht zu Mißverständnissen kommt. Eingeladen war dazu die gesamte Führungsmannschaft beider Werke (bis Abteilungsleiterebene) sowie Vertreter des Betriebsrats.

In den anschließenden werksinternen Workshops wurde pro Werk jeweils ein Pilotbereich ausgewählt, von dem man sich bei einer Umsetzung mitarbeiterorientierter Arbeitsformen ein hohes Erfolgspotential versprach. Dazu wurde eine Projektaufbauorganisation gewählt, die aus einer Steuerungsgruppe (Fertigungsleiter, Werksleiter, Projektmanager, Betriebsrat) und den Projektteams bestand, die mit der Grobplanung und Potentialanalyse der Pilotbereiche beauftragt waren. Die in den Grobplanungen der beiden Pilotbereiche verfolgten Zielsetzungen unterschieden sich insoweit voneinander, als in einem Werk die Optimierung der Fertigungssteuerung durch Gruppenbildung und Dezentralisierung indirekter Funktionen verfolgt wurde, während im anderen Werk schwerpunktmäßig die Realisierung der Komplettbearbeitung einer Teilefamilie (hauptsächlich zwei Massenteile) im Sinne einer Fertigungsinsel verfolgt wurde.

Im folgenden soll die Entwicklung des schon weit vorangeschrittenen Pilotprojekts im Werk für die Serienfertigung aufgezeigt werden. Das Projektteam zur Grobplanung war interdisziplinär mit Mitarbeitern der Arbeitsvorbereitung, der Fertigung, dem Controlling und dem Projektleiter besetzt. Ausgangssituation der Planung waren zwei Massenteile, die aufgrund der arbeitsteiligen Fertigung in mehreren Kostenstellen zu entsprechend langen Übergangszeiten, Durchlaufzeiten und zu hohen Beständen führten. Für die angestrebte Komplettfertigung wurde die Kostenstelle ausgewählt, die schon bisher die meisten Arbeitsgänge durchführte. Ein Vertreter dieses Bereichs war an den Grobplanungen beteiligt. Er konnte dadurch die Arbeitsgruppe des Pilotbereichs über den Planungsfortschritt informieren und das Projektteam mit Praxisinformationen versorgen.

Die Aufgabe des Projektteams bestand darin, zu überprüfen, welche Betriebsmittel in den Pilotbereich verlagert werden konnten, ohne daß Engpässe in den anderen Kostenstellen entstehen, sowie für erforderliche Erweiterungsinvestitionen eine Wirtschaftlichkeitsberechnung durchzuführen. Weiterhin wurden Konzepte zur Rohmaterialdisposition und einer vereinfachten Auftragssteuerung entwickelt. Da mit der Betriebsmittelverlagerung auch zusätzliche Teile zu übernehmen waren, wurde die Personalkapazität überprüft und das erforderliche Qualifikationsprofil erstellt.

Nach der Entscheidung der Steuerungsgruppe zur Bewilligung der Investitionen und damit zur Umsetzung des Pilotprojekts wurde die Pilotgruppe in einer Besprechung mit der Detailplanung ihres zukünftigen Arbeitssystems beauftragt. Da die Pilotgruppe aus 9 Mitarbeitern besteht, wurde ein Kernteam, bestehend aus vier Mitarbeitern, gebildet, das zusammen mit einem Moderator wöchentlich für zwei Stunden die Planungen vorantrieb und sich innerhalb der Woche mit den restlichen Gruppenmitgliedern abstimmte. Aufgaben, die bewältigt wurden, waren die Layoutplanung, die Personaleinsatzplanung, die Entwicklung eines Qualifizierungsplans zur Einweisung an den neuen Maschinen und die Förderung der fachlichen, methodischen und sozialen Kompetenz durch Schulungseinheiten.

Das Aufgabenspektrum der Pilotgruppe umfaßt nach einer Anlaufphase die Tätigkeiten:

- Rüsten, Fertigen
- Selbstprüfung
- Einfache Maschinenwartung
- Rohteileabruf, -bereitstellung
- Fertigteilanlieferung an Insellager

- Reihenfolgeplanung
- Rückmeldung
- Kontinuierliche Verbesserung
- Gruppengespräche

Die in der Nutzungsphase des eingerichteten Arbeitssystems bisher erzielten Produktivitätsergebnisse liegen weit über dem Durchschnitt, der in den arbeitsteiligen Strukturen erreicht wurde. Durch die guten Erfahrungen bestätigt, werden die nächsten Schritte im Umstrukturierungsprojekt darin bestehen, das Pilotprojekt in dem zweiten Werk umzusetzen, ein Führungskräfteseminar über die Führung selbststeuernder Gruppen durchzuführen und danach auch in den anderen Fertigungsbereichen, ausgehend von den Erfahrungen der Pilotprojekte, mitarbeiterorientierte Arbeitsformen einzuführen. Angestrebt ist auch die Entwicklung eines flexiblen Arbeitszeitmodells sowie eines neuen Entlohnungsmodells.

Ergebnisse / Erfahrungen

Pilotgruppe

Die Tatsache, daß die Gruppentreffen zwar bezahlt wurden, aber außerhalb der regulären Arbeitszeit stattfanden und trotzdem ein Großteil der Planungen von den Gruppenmitglieder in ihrer Freizeit erledigt wurde, zeigt einerseits das große Engagement der Gruppenmitglieder bei der Gestaltung ihres Arbeitssystems, andererseits aber auch die nicht zu unterschätzende Zusatzbelastung für die Pilotgruppe. Aus diesem Grunde konnten bei Produktionsstart noch nicht alle indirekten Tätigkeiten sofort übernommen werden. Um eine Überforderung zu vermeiden, werden diese während der Nutzungsphase schrittweise integriert. Dies betrifft hauptsächlich die Rohteil- und Auftragsdisposition.

Störend auf die Motivation der Gruppenmitglieder wirkte sich der Umgang mit unsicheren Randbedingungen aus. In der Grobplanungsphase konnte dem Pilotbereich nämlich noch kein endgültiger Standort zugewiesen werden, da dieser vom Layout abhängig war, das durch die Gruppe entwickelt wurde.

Information und Kommunikation

Im Umgang mit der Standortfrage bewährte sich die enge Anbindung des Pilotbereichs an die Steuerungsgruppe durch den Moderator. Unsicherheiten und Anfragen konnten dadurch sofort abgearbeitet werden. Auch durch die Beteiligung eines Vertreters der Pilotgruppe in dem Grobplanungsteam wurde erreicht, daß die Pilotgruppe gut vorbereitet war auf die Gestaltung ihres Arbeitssystems. Durch diese beiden Maßnahmen zur Einbindung der Pilotgruppe in den Informationsfluß konnte eine hohe Bereitschaft zur Veränderung der Strukturen erzielt werden.

Bei den Implementierungen der nächsten Gruppen wird im Kommunikationskonzept die Information der nur mittelbar betroffenen Bereiche (z.B. angrenzende oder Betriebsmittel abgebende) noch verbessert werden. In diese waren nicht genügend Informationen über die Ziele der Umstrukturierung und die Vorteile, die ihnen ein erfolgreiches Pilotprojekt bietet, eingegangen. Bei den Informationsveranstaltungen, die aufgrund aufgetretener Irritationen nötig waren, wurde deutlich, daß ein Vertrauensverlust in die Führungskräfte nur schwer wieder ausgeglichen werden kann, denn wohlgemeinte, zutreffende Aussagen werden nicht mehr als solche angenommen. Es kommt also darauf an, auch nur mittelbar betroffene Bereiche frühzeitig auf Veränderungen vorzubereiten.

Zusammenarbeit mit dem Betriebsrat

Bei ganzheitlichen Umstrukturierungsprojekten wird es kaum möglich sein, im Voraus über Betriebsvereinbarungen einen definierten Endzustand detailliert zu beschreiben. Umso wichtiger ist es, durch die Teilnahme von Betriebsratvertretern am Führungskräfte-Workshop und frühzeitige Planungsbeteiligung eine vertrauensvolle Zusammenarbeit mit dem Betriebsrat zu fördern. Durch die Wahrnehmung legitimer Interessen von Unternehmensleitung und Betriebsrat und eine Verständigung darüber in der Steuerungsgruppe konnte ein effizientes Projektvorgehen gewährleistet und durch unterschiedliche Sichtweisen auch neue Impulse gewonnen werden.

5 Situationsanalyse

Einordnung

Unter einer Situationsanalyse wird die systematische Durchleuchtung (Analyse) einer intuitiv als problematisch empfundenen Erscheinung oder eines im Auftrag angegebenen Sachverhaltes (Situation) zu Beginn einer Planungstätigkeit verstanden. Der Zweck einer Situationsanalyse besteht darin, die Aspekte eines betrachteten Bereichs derart zu strukturieren, daß die Problemsituation erkennbar und eine Problemdefinition ermöglicht wird.

Umstrukturierungsprojekte, wie sie in den oberen Kapiteln beschrieben wurden, sind durch einen hohen Komplexitätsgrad gekennzeichnet, der nur bewältigt werden kann, wenn ein systematisches Vorgehen gewählt wird. Als Hilfsmittel bietet sich das Systems Engineering [Daenzer 89] an, das Vorgehenskonzepte und Methoden zur Lösung komplexer Probleme zur Verfügung stellt. Es wird dabei zwischen den Lebensphasen eines Projekts und dem Problemlösungszyklus unterschieden (Abb. 5.1).

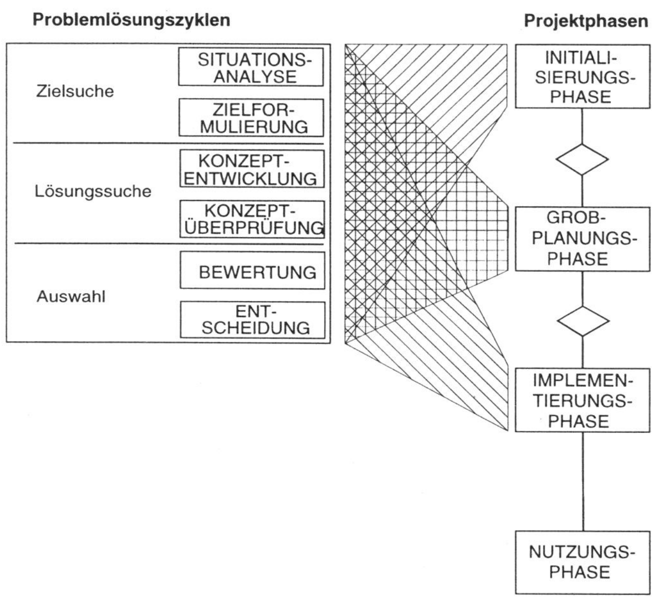

Abb. 5.1: Problemlösungszyklen und Projektphasen

Bei der Bearbeitung eines Problems, das in sich komplex ist und/oder vielfältige Beziehungen zur Umwelt aufweist, ist es zweckmäßig, ein Vorgehen zu wählen, mit dem "vom Groben zum Detail" gearbeitet wird. Dieses Vorgehen wurde in dem entwickelten Projektphasenplan (Kap. 3) berücksichtigt. Es werden zunächst generelle Ziele und ein Lösungsrahmen für das Gesamtsystem entwickelt und mit dem Projektfortschritt weiter konkretisiert. Konzepte auf einer höheren Ebene dienen dabei als eine Orientierungshilfe für die detaillierte Ausgestaltung. Es sind zwei Aspekte hervorzuheben:

- die schrittweise Einengung des Betrachtungsfeldes und
- die stufenweise Variantenbildung und -ausscheidung.

In jeder Projektphase kann der Problemlösungszyklus mehrfach zur Anwendung kommen. Es lassen sich die folgenden Teilschritte (Abb. 5.1) voneinander abgrenzen:

- Zielsuche
  Formulierung von lösungsneutralen, präzisen und realistischen Zielvorgaben auf der Grundlage der Situationsanalyse. Zweckmäßig ist eine Unterscheidung in Muß- und Wunschziele. Mußziele sind Anforderungen an das Konzept, die unbedingt zu erfüllen sind und als k.o.-Kriterien bezeichnet werden können. Aufgrund der Wunschziele läßt sich später eine Bewertung und Auswahl von alternativen Lösungen vornehmen.
- Lösungssuche
  Entwicklung von Lösungen auf der Grundlage der formulierten Ziele.
- Auswahl
  Bewertung der entwickelten Lösungen anhand von Muß- und Wunschzielen und Auswahl einer Variante.

Das Ergebnis des Problemlösungszyklus ist Eingangsgröße in die nachfolgende Projektphase.

Die Bedeutung der Situationsanalyse als ein Teilschritt der Zielsuche ergibt sich dadurch, daß innerhalb des Problemlösungszyklus die Grundlage für die Zielformulierung, Konzeptentwicklung und Bewertung gelegt wird. Sie ist mit unterschiedlichen Schwerpunkten und Detaillierungsgraden in der Initialisierungs-, Grobplanungs- und zu Beginn der Implementierungsphase durchzuführen. Mit der fortschreitenden Eingrenzung des Untersuchungsbereichs im Projektablauf sind bei der Situationsanalyse unterschiedliche Methoden anzuwenden.

Untersuchungsbereiche

Umstrukturierungsprojekte, die, wie in Teil A beschrieben, die vorhandene Unternehmensstruktur und -kultur optimieren, sind von ihrer Grundtendenz her als mittel- bis langfristige Anpassungsmaßnahmen auf veränderte Rahmenbedingungen zu verstehen. Aus diesem Grund dürfen die Ist-Situation und die prognostizierte Weiterentwicklung der Unternehmensumwelt bei der Situationsanalyse und der Konzeptentwicklung nicht vernachlässigt werden. Zu berücksichtigen sind dabei:

- Marktanforderungen,
- technologische Entwicklungen,
- gesellschaftliche Entwicklungen und
- gesetzliche Rahmenbedingungen.

Hauptschwerpunkt bei der Situationsanalyse der Unternehmensumwelt sollte auf der Erfassung der Marktanforderungen liegen, die sich aus der Kombination zwischen Kundenanforderungen und Konkurrenzsituation ergeben. Die erfaßten Marktanforderungen werden später für die Analyse der internen Prozeßketten benötigt.

Neben den unternehmensexternen Einflußfaktoren sind aber auch die unternehmensexternen Beziehungen zu untersuchen. Dies betrifft die Kundenbeziehungen (Vertriebsstruktur) und die Lieferantenbeziehungen (Beschaffungsstruktur). Es kann sich dabei herausstellen, daß der billigste Zulieferer nicht immer der beste Wertschöpfungspartner ist. Dies ist für die Fälle gültig, in denen eine engere Zusammenarbeit mit dem Zulieferer in Entwicklungsprojekten, die Qualitätsfähigkeit oder die Lieferung einbaufertiger Systembauteile in Betracht gezogen werden.

Sind die unternehmensexternen Einflußfaktoren untersucht, dann gilt es unternehmensintern zu überprüfen, ob die gewachsene Aufbau- und Ablauforganisation die gestellten Anforderungen erfüllen kann. Dabei hat es sich bewährt, die Ablauforganisation auf der Grundlage von Prozeßketten zu analysieren. Neben einer Funktionsanalyse ist auch eine Informationsflußanalyse durchzuführen. Es soll damit festgestellt werden, ob die Informationen entlang der Prozeßkette fließen oder ob sie Umwege zur Erfüllung hierarchischer "Notwendigkeiten" nehmen müssen. Diese Untersuchung ist deshalb wichtig, da die Zeit für eine Leistungserstellung immer mehr zu einem entscheidenden Wettbewerbsfaktor wird und auch eine kurzfristige Anpassung an veränderte Rahmenbedingungen erforderlich ist. Die während der Lean-Diskussionen der letzten Jahre vielfach geforderte Reduzierung der Hierarchieebenen kann aber niemals Selbstzweck sein, sondern ist nur dann zu begründen, wenn dadurch ein schnellerer, effizienterer Informationsfluß sichergestellt wird.

Ein weiterer unternehmensinterner Untersuchungsbereich, der sich noch auf einer oberen Analyseebene befindet, ist die Unternehmenskultur. Dabei sind Ausprägungen des Führungsverhaltens, der Motivation und der Zusammenarbeit zwischen den Unternehmensbereichen zu ermitteln. Die Ergebnisse dieser Untersuchung sind unerläßlich für die Entwicklung eines Kommunikationskonzepts, eines Qualifizierungskonzepts und auch zur Abschätzung darüber, wie hoch der Autonomiegrad dezentralisierter Einheiten bei den ersten Umsetzungsschritten sein kann. Wenn z.B. durch einen autoritären Führungsstil die Eigeninitiative und die Bereitschaft zur Verantwortungsübernahme bei den Mitarbeitern nur wenig ausgeprägt ist, dann kann es nicht gelingen, innerhalb kurzer Zeit eine noch so wünschenswerte "lernende Organisation" zu realisieren. [Nedeß 95]

Die Daten der bisher beschriebenen Untersuchungsbereiche bewegen sich eher auf einer groben Erfassungsebene und sind deshalb innerhalb des Projektablaufs der Initialisierungs- oder der Grobplanungsphase zuzuordnen. Mit zunehmender Einschränkung des Gestaltungsbereichs werden dann mehr Detailinformationen erforderlich. Dazu zählen bei den Funktionsanalysen Kosten-, Mengen- und Zeitgerüste sowie Kapazitätsanalysen. Bei einer detaillierteren Analyse der Fertigung sollten zumindest die folgenden Daten erhoben werden

- Durchlaufzeiten
- Bestände (Rohmaterial, Umlaufbestände, Fertigwaren)
- Wertzuwachs in den Fertigungsstufen
- Kapazitäten (Personal, Betriebsmittel)
- Qualifikationsstruktur der Mitarbeiter
- Qualitätsergebnisse.

Eine Analyse der EDV-Strukturen sollte erst dann durchgeführt werden, wenn in der Grobplanungsphase die neuen Strukturen erkennbar sind und aufgrund dessen Anforderungen an eine EDV-Unterstützung aufgestellt werden können. Durch die informationstechnische Weiterentwicklung ist es heute möglich, EDV-Systeme zunehmend als Hilfsmittel zur Gestaltung schnellerer Abläufe zu verwenden, die sich den erforderlichen Strukturen anpassen lassen und nicht umgekehrt. Trotz der bisherigen Schwerpunktsetzung auf die Veränderung der organisatorischen Strukturen darf der sinnvolle Einsatz neuer Informationstechnologien bei der Konzeptentwicklung nicht vernachlässigt werden.

Ausgewählte Untersuchungsmethoden

Die Voraussetzungen für jede Durchführung einer Situationsanalyse sind einerseits die Bereitschaft, offen über die Ergebnisse zu informieren, sowie der Wille, die Ergebnisse in konkrete Maßnahmen umzusetzen. Innerhalb der oben erwähnten Untersuchungsbereiche sind mit ausgewählten Methoden aber nicht nur die Schwachstellen zu suchen, sondern es ist ebenso nach den Stärken zu fragen, die bei einer Umstrukturierung unbedingt erhalten oder weiter gefördert werden müssen.

Bei der Auswahl von Methoden zur Situationsanalyse kommt es neben einer hohen Aussagefähigkeit und effizienter Durchführbarkeit auch darauf an, daß die gewählte Vorgehensweise von den beteiligten Mitarbeitern akzeptiert wird. Dabei dürfen durchaus persönliche Präferenzen berücksichtigt werden, denn es gibt kein "bestes" formalisiertes Verfahren, das mit geringstem Arbeitsaufwand detaillierte Untersuchungsergebnisse liefert. Aus diesem Grund sollen hier anstatt einer vollständigen Auflistung und Beschreibung existierender Analysemethoden zwei Methoden vorgestellt werden, die den üblichen Methodenmix auf hervorragende Weise ergänzen. Es handelt sich dabei um die Anwendung von Befragungstechniken und die Durchführung von Benchmarkingprojekten.

Befragungstechniken eignen sich hauptsächlich für die Ermittlung qualitativer Daten im Rahmen der Vor- oder zu Beginn der Hauptstudie. Anzustreben ist, in diesen Phasen zur Gewinnung eines Gesamteindrucks, möglichst viele, wenn nicht sogar alle Mitarbeiter des Unternehmens zu befragen. In größeren Unternehmen läßt sich dieses Vorgehen wohl kaum mit einem vertretbaren Aufwand/Nutzen-Verhältnis realisieren lassen. Durch die Wahl entsprechender Befragungsmethoden kann der Aufwand allerdings auch bei großen Zielgruppen erträglich gestaltet werden. So kann z.B. eine begrenzte Anzahl von Mitarbeitern und Führungskräften individuell befragt werden, eine größere Anzahl in Gruppen, die gesamte Belegschaft aber im Rahmen einer schriftlichen Fragebogen-Aktion. Der Aufwand, der für die Befragung einer großen Zielgruppe betrieben werden muß, sollte immer auch unter dem Gesichtspunkt betrachtet werden, daß damit die Botschaft vermittelt wird, die Mitarbeiter bei den Umstrukturierungsplanungen und in Zukunft stärker beteiligen zu wollen.

Einen ebenso starken Einfluß auf die unternehmensinterne Kommunikation hat es, eine Befragung von **internen Mitarbeitern** anstelle von externen Beratern durchführen zu lassen. Die Befragung durch interne Mitarbeiter kann als bedeutender Beitrag zur Entwicklung einer lebendigen Kommunikationskultur gesehen werden und bietet weiterhin die Vorteile, daß das erworbene Know-how auch nach der Befragung dem Unternehmen zur Verfügung steht und die eingesetzten Mitarbeiter eine zusätzliche Qualifizierung über die internen Unternehmensabläufe erhalten. Bevor die internen Mitarbeiter im Rahmen von Einzelinterview, Gruppeninterview oder Hearing mit der Informationssammlung beginnen, sind sie für ihre Aufgabe auszubilden, um sie in die Lage zu versetzen, qualifizierte anlysierende Gespräche zu führen.

Für die Durchführung von Befragungen sollen im folgenden die Vor- und Nachteile von fünf für die Praxis besonders wichtigen Erhebungsmethoden kurz skizziert werden. Es soll dadurch allerdings nicht der Eindruck vermittelt werden, als seien alle Methoden gleichzeitig mit einem entsprechend hohen Zeitaufwand anzuwenden. Vielmehr geht es darum, für den jeweiligen Untersuchungsbereich eine effiziente Methode auszuwählen. Dabei gibt es einerseits Fragestellungen, wie die Einschätzung des Führungsverhaltens der Führungskräfte, die gar nicht anders erfaßt werden können, als durch eine Befragung der Mitarbeiter (Kap. 6) und andererseits Aufgaben, wie die Erfassung der Funktionsabläufe in der Initialisierungsphase, bei der es wesentlich auf das Erkennen der Zusammenhänge ankommt. Hierfür bietet sich die Interviewtechnik als eine sehr effiziente Art der Durchführung an. Die bei der Auswahl in Betracht zu ziehenden Befragungstechniken lassen sich wie folgt skizzieren [Doppler 94] :

Einzelinterview

Unter einem Einzelinterview wird ein halb-strukturiertes persönliches Einzelgespräch verstanden. "Halb-strukturiert" bedeutet in diesem Zusammenhang, daß die Themenbereiche des Dialogs zwar vorgegeben sind, im Rahmen der einzelnen Themen jedoch ein offener Dialog stattfindet. Ein Einzelinterview dauert ca. anderthalb bis zwei Stunden. Es ermöglicht durch die persönliche und individuelle Ansprache des Einzelnen eine Kommunikation mit hoher Interaktivität, wodurch eine vertiefte Analyse zum Verstehen der betrieblichen Zusammenhänge erreicht wird. Der Nachteil der Methode besteht in dem großen Zeitaufwand, so daß sie bei größeren Zielgruppen nur in der Kombination mit anderen Methoden geeignet ist.

Gruppeninterview

Es wird eine Gruppe von fünf bis sieben Personen in einem ebenfalls halbstrukturierten Gespräch befragt. Der Zeitaufwand für das Interview beträgt ca. drei bis vier Stunden. Obwohl eine größere Zielgruppe erfaßt wird als im Einzelinterview, können die wichtigsten Punkte festgestellt werden. Zudem bietet die Gruppe die Möglichkeit eines lebendigen Gesprächs, was letztlich auch die Teamkultur im Unternehmen fördert. Allerdings können durch die Gruppendynamik Einzelpositionen überlagert und einzelne Aussagen verfälscht werden. Die individuelle Beteiligung und Offenheit ist nicht so ausgeprägt ist, wie im Einzelinterview.

Hearing

Unter einem Hearing wird eine Kurz-Befragung einer größeren Zahl von Personen verstanden, die jeweils nur für eine begrenzte Zeit verfügbar sind (wechselnde Zusammensetzung der Befragungsgruppe). Die Zeitdauer beträgt etwa einen halben Tag. Durch die hohe Teilnehmerzahl können in kurzer Zeit und mit geringem Aufwand Trendaussagen zusammengetragen werden. Zudem ist ein Hearing kurzfristig organisierbar, weil die einzelnen Teilnehmer nach individueller Verfügbarkeit flexibel dazustoßen können. Nachteilig wirkt sich aus, daß die Themen nicht gründlich diskutiert werden können und somit nur ein geringer Tiefgang der Analyse erreicht wird. Die Offenheit bei heiklen Themen wird durch den Veranstaltungscharakter eingeschränkt. Je nach spezifischer Unternehmenskultur und personeller Konstellation besteht die Gefahr, daß die Veranstaltung zu einer "Plauderstunde" verkommt.

Diagnose-Workshop

Ein Diagnose Workshop ist eine moderierte Veranstaltung mit 20-25 Teilnehmern. Er ermöglicht das Sammeln und Verdichten von Aussagen anhand von Karten-Abfragen sowie die Vertiefung einzelner Themenschwerpunkte in Kleingruppenarbeit oder Plenumsdiskussionen. Die Dauer eines Workshops beträgt einen Tag. Der Vorteil eines Workshops besteht in der Vielfalt der Ergebnisse und dem breiten Spektrum behandelter Aspekte. Häufig lassen sich bereits Prioritäten für kurzfristig zu initiierende Maßnahmen erkennen. Im Verlauf der Veranstaltung ist ein flexibles Vertiefen der Analyse möglich. Dem steht nachteilig allerdings der große organisatorische Aufwand und der Zeitaufwand für die Teilnehmer gegenüber.

Schriftliche Befragung

Bei den schriftlichen Befragungstechniken ist besonders die Befragung in Form eines standardisierten Fragebogens erwähnenswert. Um eine computergestützte und anonymisierte Auswertung zu ermöglichen, werden meistens skalierte Antworten vorgegeben (Multiple-Choice-Verfahren). Der Zeitbedarf zum Ausfüllen des Fragebogens sollte eine halbe bis eine Stunde nicht überschreiten. Skalierte Fragebögen eignen sich besonders zur Befragung großer Zielgruppen und zur Erleichterung der Verarbeitung großer Datenmengen. Aus der quantitativen Verteilung der Ergebnisse können Prioritäten abgelesen werden. Daneben genießen die statistischen Auswertungen durch die empfundene Objektivität eine hohe Akzeptanz. Die Ergebnisse einer Fragebogen-Aktion liefern allerdings nur Hinweise auf Problem-Schwerpunkte und keine Hintergründe für das Verständnis von Zusammenhängen. Sie sind deshalb häufig schwer zu interpretieren. Eine Verfälschung der Ergebnisse durch Mißverständnisse beim Ausfüllen des Fragebogens sowie eine zu starke Einschränkung durch die vorgegebenen Antworten sind durch die Gestaltung des Fragebogens zu vermeiden. Ein weiteres Problem stellen die niedrigen Rücklaufquoten dar, die ihre Ursache zum Teil darin haben, daß die anonyme (unpersönliche) und schriftliche (bürokratische) Form der Mitarbeiteransprache von vielen Mitarbeitern, besonders im tariflichen Bereich, negativ bewertet wird.

Schriftliche Befragungen eignen sich im wesentlichen zur Feststellung statistischer Verteilungen. In der Regel empfiehlt es sich, sie nur in Verbindung mit anderen, interaktiven und im Hinblick auf die Analyse ergiebigeren Methoden einzusetzen. Die Anwendung von interaktiven Befragungstechniken bietet sich immer dann an, wenn die Erfassung qualitativer Informationen angestrebt wird, d.h. wenn es um die Erfassung von Abläufen und Zusammenhängen sowie kulturellen Ausprägungen geht.

Für die Durchführung einer interaktiven Befragung hat es sich bewährt, einen Gesprächsleitfaden zu verwenden, der es ermöglicht, einen qualifizierten Dialog zu führen. Das Ziel liegt darin, die wesentlichen Hintergründe und Zusammenhänge zu verstehen. Aus diesem Grund muß unbedingt vermieden werden, den Geprächsleitfaden entweder durch zu viele Fragen zu überfrachten, oder nur geschlossene Fragen zu stellen, die ein Gespräch verhindern.

Bei der Gestaltung integrierter Produktionssysteme ist der Einsatz der Befragungstechniken zu empfehlen, da sie eine effiziente, wenn nicht sogar teilweise die einzige Möglichkeit zur Erfassung der Wechselwirkungen zwischen Personal, Organisation und Technik bieten. Dem Vorteil der ganzheitlichen Erfassung und Partizipation der Mitarbeiter steht der Nachteil gegenüber, daß sich die Auswertung und Interpretation außer bei der schriftlichen Befragung nicht systematisieren läßt. So kann es entweder vorkommen, daß schon im Rahmen eines Workshops Problemursachen erkannt und Lösungsansätze erarbeitet werden, oder es müssen nach der Durchführung von Einzelinterviews die Einzelaussagen mühevoll zu einem Gesamtbild verdichtet werden.

Mit der Durchführung von **Benchmarkingprojekten** wird der Bereich der eigentlichen Situationsanalyse verlassen, da durch die Auswahl des Untersuchungsgegenstands und den Vergleich mit den besten realisierten Lösungen gleichzeitig ein problem- und lösungsorientiertes Vorgehen verfolgt wird. Der Vorteil liegt unter anderem darin, eine zuvor nicht für möglich gehaltene Akzeptanz für notwendige, manchmal auch unpopuläre Maßnahmen zu erreichen. Es kann nämlich an realen Beispielen aufgezeigt werden, daß andere Unternehmen einen neuen Weg schon erfolgreich beschritten haben.

1. Aufstellung eines interdisziplinären Projektteams
2. Festlegung der Kriterien für das Benchmarking (Konzeption eines Fragebogens)
3. Aufbereitung der internen Daten für den Vergleich (Ermittlung der Kennwerte)
4. Auswahl eines Vergleichsunternehmens (Auswahl der Besten)
5. Evaluation der externen Daten (Ausschöpfung aller Datenquellen)
6. Analyse und Interpretation der Daten (Nutzung von Expertenwissen)
7. Ableitung unternehmensspezifischer Ziele (hohe Zielvorgabe)
8. Planung der Umsetzungsmaßnahmen (Suche kreativer Lösungen)

Abb. 5.2 Vorgehensschritte bei der Durchführung eines Benchmarking-Projekts [Kreuz 1994]

Benchmarking bezeichnet den Prozeß fortlaufenden Vergleichens und Messens der eigenen Organisation mit weltweit führenden anderen Organisationen mit dem Ziel, der eigenen Organisation bei der Verbesserung der Leistungsfähigkeit zu helfen [vgl. American Productivity & Quality Center 1992]. Verglichen werden können dabei Geschäftsprozesse bzw. Geschäftsfunktionen, Produkte bzw. technische Lösungsansätze und die Leistungsfähigkeit der Zulieferer. Je nach gesuchtem Benchmark sind unterschiedliche Ansätze bei der Vorbereitung, der Auswahl der Benchmarkingpartner sowie der Datenerfassung und -auswertung erforderlich [Kleinfeld 1994]. Die acht wesentlichen Schritte bei der Durchführung eines Benchmarking-Projektes zeigt Abbildung 5.2.

Vor der Aufstellung eines interdisziplinären Projektteams ist das Benchmarkingobjekt (Prozesse, Produkt, technische Lösungsansätze) zu bestimmen. Die Auswahl des Untersuchungsgegenstands kann sich an der Kostenstruktur, der Leistungsdifferenzierung oder der Höhe des Verbesserungspotentials orientieren. Die erste Aufgabe des Projektteams ist die Festlegung geeigneter Kennzahlen für den Unternehmensvergleich und die Erstellung eines Fragebogens, der zur schriftlichen oder interaktiven Befragung des Vergleichsunternehmens benötigt wird. Der Fragebogen ist vor dem externen Einsatz unbedingt im eigenen Unternehmen zu testen. Dadurch läßt sich feststellen, welcher Aufwand (Zeit, Ressourceneinsatz, Kosten) für die Beantwortung des Fragebogens erforderlich ist und es wird sichergestellt, daß alle abgefragten Daten im eigenen Unternehmen tatsächlich vorhanden sind. Parallel zur Auswahl der Benchmarkingpartner, bei denen in einem vergleichbaren Benchmarkingobjekt "Best in Class"-Praktiken vorliegen, sind unternehmensintern die eigenen Kennzahlen und Meßgrößen zu erheben.

Primäre Informationsquellen	**Sekundäre Informationsquellen**
Fachtagungen	Datenbanken
Seminare	Fachzeitschriften
Messen	Fachbücher / Tagungsberichte
Befragung von Lieferanten	Forschungsberichte
Befragung von Kunden	Geschäftsberichte
Interviews mit Experten und Beratern	Jahrbücher
Austausch mit Vergleichsunternehmen	Werbematerial
Firmenbesichtigungen	Industrie- und Handelskammer
	Branchenverbände

Abb. 5.3: Informationsquellen [Herter 1992]

Die Auswahl eines Vergleichsunternehmens ist ein iterativer Brainstorming- und Selektionsprozeß innerhalb des Benchmarkingteams. Dieser Schritt ist vor allem aus Akzeptanzgründen hinsichtlich der Ergebnisse und deren Übertragung auf das eigene Unternehmen besonders wichtig. Für die Identifikation von potentiellen "Best in Class"-Unternehmen, die für einen Vergleich in Frage kommen, können die in Abb. 5.3 genannten Informationsquellen genutzt werden.

Die ergiebigsten Analyseergebnisse lassen sich im direkten Kontakt mit dem Vergleichsunternehmen erzielen, indem zeitweilig eigene Mitarbeiter in den Prozeß des Partners integriert werden oder durch Betriebsbesuche mit Diskussionsrunden. Doch auch wenn von dem ausgewählten Benchmarkingpartner kein Interesse an einem direkten Kontakt besteht, weil es sich z.B. um ein direktes Konkurrenzunternehmen handelt oder der eigene Nutzen nicht erkennbar wird, läßt sich häufig durch die Ausschöpfung der in Abbildung 5.3 genannten Informationsquellen eine ausreichende Datenmenge und -tiefe zusammentragen.

Die gewonnenen Informationen müssen systematisch aufbereitet und analysiert werden. Je besser die Datenbasis und die Hypothesen sind, desto zutreffender wird die Interpretation ausfallen. Insbesondere sind die ausschlaggebenden Ursachen für die Leistungsdefizite herauszuarbeiten. Auf der Grundlage der Auswertungsergebnisse kann die eigene Unternehmensposition im Vergleich zu den Konkurrenten und zu den Spitzenunternehmen bestimmt werden. In Relation zur gegenwärtigen Position ist die Zielpositionierung vorzunehmen. Gleichzeitig müssen konkrete Umsetzungsmaßnahmen beschlossen und realisiert werden, um den Abstand zu den Spitzenunternehmen erheblich zu verkürzen oder sogar selbst zu einem zu werden.

Literatur

American Productivity and Quality Center — Planning, Organizing and Managing Benchmarking Activities: A Users Guide. 2nd edition, Houston 1992

Daenzer, W. F. — Systems engineering: Leitfaden zur Durchführung umfangreicher Planungsvorhaben. Verlag Industrielle Organisation: Zürich, 6. Aufl. 1988 - Nachdruck 1989

Doppler, K. Lauterburg, C. — Change Management: Den Unternehmenswandel gestalten. Campus Verlag: Frankfurt/Main, New York, 1994

Herter, R.N. — Weltklasse mit Benchmarking. Ein Werkzeug zur Verbesserung der Leistungsfähigkeit aller Unternehmensbereiche. Fortschrittliche Betriebsführung und Industrial Engineering 41/1992, S. 254-258

Kleinfeld, K. — Benchmarking für Prozesse, Produkte und Kaufteile. Marktforschung Management, 1/1994, Bd. 38

Kreuz, W. — Mit Benchmarking den Anschluß an Spitzenunternehmen schaffen und Zustimmung für unpopuläre Maßnahmen erreichen. Blick durch die Wirtschaft, 6.9.1994

Nedeß, Chr. *Mallon, J.* Die Neue Fabrik als Wissen schaffende und verteilende Organisation. In: Innovation und Kreativität im Unternehmen. Hrsg.: Wildemann, Horst. Schäffer-Poeschel: Stuttgart, 1995. (Hochschulgruppe Arbeits- und Betriebsorganisation HAB, Forschungsbericht 7)

6 Unternehmenskultureller Wandel

Definition der Unternehmenskultur

Eine Unternehmenskultur kann definiert werden als die Gesamtheit der Normen und Werte, die das Verhalten der Mitglieder und der betrieblichen Funktionsbereiche auf wirkungsvolle Weise prägen. Der dadurch geschaffene Orientierungsrahmen wirkt für die Organisationsmitglieder letztlich komplexitätsreduzierend, indem vorgegeben wird, was in dieser Organisation als "gut" bzw. "nicht gut" gilt, was "erlaubt" bzw. "nicht erlaubt" ist, was "belohnt" und was "bestraft" wird. Dem einzelnen wird ermöglicht, sich seiner Umwelt anzupassen und von seiner Umwelt akzeptiert zu werden sowie das Verhalten der anderen Mitglieder einzuschätzen. Ohne diese "Spielregeln" - Normen, die Orientierung nach innen und Zusammenhalt nach außen gewährleisten - wären menschliche Gemeinschaften nicht funktionsfähig.

Die Ausdrucksformen einer Unternehmenskultur lassen sich [nach Doppler 94] wie folgt grob unterteilen:

- Kommunikation: Was wird schriftlich, was mündlich kommuniziert? Worüber wird überhaupt gesprochen und geschrieben? Was für ein Sprachstil wird gewählt? Was wird nicht angesprochen - was wird tabuisiert?
- Verhalten: Wie verhält sich die Führung? Wie kommen Entscheidungen zustande? Welche Verhaltensweisen werden belohnt, welche Menschen werden gefördert? Wie wird im Unternehmen kommuniziert und kooperiert? Wie wird miteinander umgegangen?
- Strukturen: Wie sind Gebäude, Anlagen und die Innenarchitektur gestaltet? Welche Organisationsformen und Regelungen werden bevorzugt? Welche Führungsinstrumentarium gibt es - und wie wird es benutzt?
- Soziale Ereignisse: Was gibt es - neben der täglichen Arbeit - für Veranstaltungen und Rituale? Wer kommt mit wem bei welchen Gelegenheiten zusammen? Wie laufen Veranstaltungen in größeren Kreisen ab, welchen Erlebniswert haben sie?

Die Notwendigkeit einer Veränderung der Unternehmenskultur ergibt sich aus den Zielen der bisher beschriebenen strukturellen Veränderungen, die auf anderen Werten basieren als arbeitsteilige Organisationsstrukturen. In tayloristischen Strukturen ist die Funktionsorientierung so ausgeprägt, daß auch das Menschenbild ein funktionales ist. Die Mitarbeiter haben bestimmte, teilweise in Stellenbeschreibungen festgelegte, Funktionen aufgrund von Anweisungen zu erfüllen. Mit den Anforderungen eines turbulenten Umfelds, in dem eine hohe Reaktionsfähigkeit auf Störungen und eine schnelle Anpassungsfähigkeit an veränderte Rahmenbedingungen erforderlich ist, sind die Regelkreise durch die Trennung zwischen planenden und ausführenden Funktionen zu schwerfällig. Sollen durch die Bildung selbststeuernder Unternehmenseinheiten, in denen Planung und Ausführung integriert sind, die Regelkreise verkürzt werden, müssen die darin tätigen Mitarbeiter zu "Mitunternehmern", im Sinne "etwas zu unternehmen", werden. Dies setzt wiederum voraus, daß dem Thema Information, vom Markt zum Prozeß, in bezug auf die Mitarbeiter erhebliche Bedeutung zugemessen wird. Die dabei zu vollziehenden Änderungen im Wertesystem und damit im Denken und Handeln sind in Tabelle 6.1 zusammengefaßt dargestellt.

Tabelle 6.1: Herkömmliches und neues Denken und Handeln [Eissing 93]

Herkömmliches Denken und Handeln	**Neues Denken und Handeln**
Führen ist Herrschaft: Mitarbeiter sind Untergebene	Führen ist Dienen: Mitarbeiter sind Kunden
Arbeitsteilig	Prozeßorientiert
Planung und Ausführung getrennt; Ablehnung von Verantwortung	Zielorientierte, selbstgesteuerte Ausführung
Mißtrauen und Kontrolle	Vertrauen und Kooperation
Durch Mißachtung des Einzelnen nicht lohnenswert, Wissen anzuwenden	Wertschätzung führt zu Engagement für Zielerreichung
Gleichgültigkeit	Kundenorientierung

Anforderungen an das Führungsverhalten

Bei der Umsetzung und Realisierung der genannten Denk- und Verhaltensweise sind besonders die Führungskräfte gefordert, denn in ihrem Führungsverhalten manifestieren sich die in einem Unternehmen geltenden Werte. Weiterhin sollten ihre Führungsaktivitäten aber auch darauf abzielen, Vertrauen zu schaffen, Glaubwürdigkeit zu erhalten und eine Sinnhaftigkeit der Arbeit zu vermitteln. Diese Anforderungen sind deshalb zu erfüllen, weil es sich bei den oben genannten Werten eher um Prozeßregeln als um statische Verhaltensregeln handelt. Ein Verhalten, das sich stimulierend auf eine Erhöhung der Innovationsfähigkeit auswirkt und sich mit den Merkmalen "Freude am Widerspruch", "Abneigung gegen Konformismus" und "Freude am Experimentieren und Ausprobieren neuer Wege" kennzeichnen läßt, wird sich nicht in einer stark prägenden Unternehmenskultur entwickeln, in der keine Abweichung von der Norm toleriert wird. Die Führungskräfte müssen also die Aufgabe bewältigen, durch ihr Führungsverhalten neue Werte vorzuleben und zu vermitteln, andererseits darf das Wert- und Orientierungsmuster der Unternehmenskultur nicht so prägend werden, daß die Innovationsfähigkeit gehemmt wird. In dieser Situation werden deshalb die weichen Faktoren, wie Glaubwürdigkeit, Vertrauen und Sinnvermittlung, um so wichtiger.

Wenn auch aus wissenschaftlicher Sicht kein eindeutiger Zusammenhang zwischen einem bestimmten Führungsstil und den Auswirkungen hinsichtlich einer Ergebnisverbesserung nachgewiesen werden kann, so zeichnet sich doch ab, daß für die Führung selbststeuernder Produktionseinheiten mit hoher Innovationsfähigkeit, ein partizipativer Führungsstil empfehlenswert ist. Dieser Führungsstil zeichnet sich dadurch aus, daß die Führungskraft den Mitgliedern der Arbeitsgruppe selbst überläßt, ihre Arbeitsaufgabe und die Arbeitsplätze zu verteilen, daß er versucht, Aufgabe und Zwecksetzung der Gruppe durch Diskussion mit der Gruppe zu klären, daß er sich bemüht, die soziale Distanz zur Gruppe zu verringern, und daß er den Mitgliedern der Gruppe hohe persönliche Wertschätzung entgegenbringt.

Durch die Delegation der Aufgaben ist es der Führungskraft dann nicht mehr möglich, die Tätigkeiten seiner Mitarbeiter auch selbst auszuführen. Seine Aufgabe besteht weniger darin, im Arbeitssystem selbst mitzuarbeiten, sondern eher am System zu arbeiten und dieses zu optimieren. Dazu gehört wesentlich, die Förderung der Mitarbeiter durch geeignete Qualifizierungsmaßnahmen und die Anwendung moderner Methoden und Hilfsmittel sicherzustellen. Als ein Beispiel dafür sei nur der KVP-Prozeß genannt (s. Kapitel 11), für dessen erfolgreiche Durchführung Problemlösungs-, Darstellungs- und Moderationstechniken anzuwenden sind.

Damit die Mitarbeiter ihr Arbeitssystem im Sinne der Unternehmensziele optimieren können, müssen ihnen diese bekannt sein. Von der Führungskraft ist der Informations- und Kommunikationsprozeß so zu gestalten, daß die Gruppe ihre Aufgabe im unternehmensweiten Prozeß der Leistungserstellung erkennt und nicht nur eine gruppeninterne Optimierung betreibt. Es wird dabei nicht immer möglich sein, einen direkten Zusammenhang zwischen Arbeitsergebnis und Kundennutzen herzustellen. Um so wichtiger ist es deshalb, ein internes Kunden-Lieferanten-Verhältnis aufzubauen und zu pflegen, das auch beinhaltet, daß sich die Führungskraft als Lieferant der Führungsleistung für seine Kunden, die Mitarbeiter, versteht und nach ihren Anforderungen fragt.

Führung wird somit zunehmend schwieriger. Neben fachliche Kompetenz und Durchsetzungsvermögen rückt gleichwertig die Sozialkompetenz, was in der Führungsperson ein extremes Spannungsverhältnis erzeugt. Zur Umsetzung neuer Strukturen und zur Führung selbststeuernder Produktionseinheiten ist einerseits als Voraussetzung der Aufbau eines Vertrauensverhältnis anzustreben, gleichzeitig kann und darf aber auf eine auf Autorität beruhende "Durchsetzungsmacht" nicht verzichtet werden. Gerade in turbulenten Zeiten ist ein konsequentes Handeln und Verhalten gefordert, um den Mitarbeitern eine verläßliche Orientierung zu geben.

Die Anforderungen an das Führungsverhalten sind [Edler 94]:

- ❑ Delegation von Aufgaben, die selbständig zu bearbeiten sind
- ❑ Konsequenz im Verhalten und Handeln
- ❑ Erklärung von Zusammenhängen

- Vorbildfunktion
- Schaffung von Vertrauen
- Begründung von Aufgaben
- Offenheit in der Kommunikation.

Veränderung der Unternehmenskultur

Um die mit der Umstrukturierung angestrebten Ziele, wie kundenorientiertes Verhalten aller Mitarbeiter und Nutzung des Innovationspotentials der Mitarbeiter zur permanenten Verbesserung, zu erreichen, ist die Einführung dezentraler Unternehmensstrukturen eine Grundvoraussetzung. Damit sich innerhalb der Strukturen aber ein Eigenleben entwickelt, muß die Unternehmenskultur ebenso einem Veränderungsprozeß unterzogen werden, um zu vermeiden, daß sich die Auswirkungen des Fehlverhaltens aller Beschäftigten im Umgang miteinander zu lähmenden Innovationsblockaden entwickeln (Abb. 6.1).

- Sinkende Leistungsbereitschaft
- Sinkende Leistungsfähigkeit
- Steigendes Anspruchsniveau
- Hohe Fehlzeiten
- Leistungsverweigerung
- Denken nur in eigenen Rechten und fremden Pflichten
- Beamtenhaftes Sicherheitsdenken
- Freizeitorientierung
- Mangelndes Engagement
- Mangelnde Bereitschaft, Verantwortung und Risiko zu übernehmen
- Mangel an Selbständigkeit
- Fehlende Identifikation mit den Unternehmenszielen
- Desinteresse am Unternehmens-Umfeld
- Mangel an Kontakt- und Kommunikationsbereitschaft
- Abnehmende Toleranz
- Zukunftsangst
- Kulturpessimismus
- Mutlosigkeit

Abb. 6.1: Gefährliche Innovationsblockaden [Edler 94]

Bei der Gestaltung der Unternehmenskultur tritt die Schwierigkeit auf, daß sie sich einer gezielten Beeinflußung über einfache Ursache-Wirkungs-Mechanismen entzieht, so daß auch keine effizienten Methoden oder Techniken empfohlen werden können, da sich ein Erfolg nur durch mühsamste, kleinste und zähe Schritte einstellen wird. Im folgenden sollen zwei Richtungen aufgezeigt werden, die mit Engagement zu verfolgen sind:

- Kontextveränderung,
- Veränderung des Führungsverhaltens.

Kontextveränderung

Die normative Kraft, d.h. der wertprägende Einfluß von Abläufen, Befugnissen, Beförderungspraxis und Anreizsystemen auf die Unternehmenskultur, darf nicht unterschätzt werden. Indem Strukturen verändert werden, lassen sich damit auch neue Werte transportieren. Anders ausgedrückt: wenn von den Mitarbeitern eine höhere Eigeninitiative erwartet wird, aber nicht gleichzeitig ihr Handlungsspielraum erweitert wird und die entsprechenden Informationen zur Verfügung gestellt werden, dann kann sich das angestrebte Verhalten nicht einstellen.

Damit erklärt sich auch die Bedeutung der Durchführungsart des Umstrukturierungsprojekts. Die Zielsetzung eines Umstrukturierungsprojekts, das Mitdenken der Mitarbeiter vor Ort zu fördern, sollte sich in dem Projektvorgehen dadurch ausdrücken, daß eine Partizipation der Mitarbeiter an den Informations- und Entscheidungsprozessen ermöglicht wird. Dies soll hier aber nicht weiter ausgeführt werden, da auf die Maßnahmen des Informations- und Kommunikationsprozesses in Kapitel 7 eingegangen wird und die in Kapitel 3 gegebenen Hinweise zur Einführung die Partizipationsmöglichkeiten berücksichtigen und benennen.

Veränderung des Führungsverhaltens

Im ersten Schritt zur Veränderung des Führungsverhaltens muß die Notwendigkeit aufgezeigt werden, um eine Bereitschaft zu erzeugen. Für die Führungskräfte bestehen nämlich, aufgrund des fehlenden Feedbacks, nur wenige Möglichkeiten ihre eigene Führungskultur in Erfahrung zu bringen. Sie sind hauptsächlich auf Selbsteinschätzung angewiesen und kommen dabei immer zu positiven Ergebnissen [nach Edler 94], weil

- sie sich grundsätzlich positiv sehen müssen (überleben),
- bei Interaktionen von Mitarbeitern nur das erwartete Rollenverhalten gezeigt wird (Unterwerfungsrituale),
- es in europäischen Unternehmen unerwünscht ist, sich über Führungs-, Kooperations- bzw. Klima-Defizite mit Vorgesetzten auseinanderzusetzen und
- sonst keine Möglichkeiten gegeben sind, eine offene Fremdeinschätzung zu erhalten.

In dieser Situation bietet es sich an, durch Befragungstechniken (Interviews, Fragebögen, Kap. 5) die Einschätzung der Mitarbeiter über die Führungskultur ihrer Vorgesetzten anonym zu erfassen. Die dabei festgestellten Defizite können die Notwendigkeit der Durchführung von Qualifizierungsmaßnahmen verdeutlichen und dienen als Grundlage zur Entwicklung eines Qualifizierungskonzepts.

Die Schwerpunkte der Seminare über das Führungsverhalten sollten weniger auf die Vermittlung methodischer Kenntnisse, sondern auf eine situative Verhaltensschulung abzielen. Die Fähigkeiten, die dabei durch Rollenspiele, Gruppendiskussionen u.ä. eingeübt werden, sind beispielsweise [Edler 94]:

- Sich von anderen Rat erbitten
- "Zuhören können" und das Gehörte richtig interpretieren
- Konfliktfreie Dialoge auslösen
- Konstruktiv kritisieren
- Kritik selbst annehmen und einen Dialog daraus entwickeln
- Sich für den Gesprächspartner ehrlich interessieren
- Sich selbst richtig verstehen und aus Selbsterkenntnis nützliche eigene Verhaltensregeln für häufig auftretende Situationen aufstellen.

Unter Berücksichtigung der Tatsache, daß nur 20% der Führungsfähigkeit durch Qualifizierung vermittelt werden kann, der Rest aber durch die Persönlichkeitsstruktur und die Erfahrungen festgelegt ist, bleibt als letzte Möglichkeit einer Beeinflussung der Unternehmenskultur durch ein verändertes Führungsverhalten nur die Umbesetzung von Schlüsselpositionen. Damit sind nicht nur die Führungspositionen innerhalb der Linienverantwortung gemeint, sondern ebenso wichtig ist die Besetzung der Projektleitung mit einer Führungskraft, die über ihre Vorbildfunktion das Projekt entscheidend voranbringen kann. Ein langwieriger Prozeß, der in diesem Zusammenhang aber zunehmend an Bedeutung gewinnt, ist die gezielte Auswahl und Förderung von Nachwuchskräften.

Literatur

Doppler, K. Lauterburg, C. Change Management: Den Unternehmenswandel gestalten. Campus Verlag: Frankfurt/Main, New York, 1994

Edler, H. Personalentwicklungsstrategien in der Neuen Fabrik - Qualifizierung und Informationspolitik bei der Gruppenarbeit. In: Tagungsband, Mit neuen Fabrikstrukturen erfolgreich aus der Krise. Arbeitsbereich Fertigungstechnik I der TUHH, Seminar vom 1.02.1994

Eissing, G. Anregungen zur Umsetzung von Lean Production in Klein- und Mittelbetrieben. Angewandte Arbeitswissenschaft, Nr.136 (1993) S.1-20

7 Information und Kommunikation

Definition

Schon mehrfach wurde im Rahmen dieses Handlungsleitfadens auf die Bedeutung des Informations- und Kommunikationsprozesses hingewiesen, ohne den eine Umstrukturierung kaum zu bewältigen ist. Für die folgenden Ausführungen über das Kommunikationskonzept wird unter Kommunikation "der wechselseitige Austausch von Informationen zwischen sozialen Einheiten (Individuen oder Gruppen) mit dem primären Ziel, eine synchrone Orientierung zwischen den Einheiten und der Umwelt herzustellen und beizubehalten" [Heeg 88], verstanden. Laut dieser Definition ist die Kommunikation also nicht zweckfrei, sondern sie dient dazu, eine gemeinsame Orientierung zwischen sozialen Einheiten und der Umwelt herzustellen.

Dies ist einerseits besonders in einem turbulenten Umfeld wichtig, um sämtliche Ressourcen des Unternehmens auf die Erbringung eines optimalen Nutzens für den Kunden auszurichten, andererseits ist dieser Informations- und Kommunikationsprozeß eine erfolgsentscheidende Voraussetzung bei der Realisierung von Umstrukturierungsprojekten. Eine regelmäßige Information der Belegschaft über den Projektfortschritt sollte den gesamten Umstrukturierungsprozeß begleiten, weil aus der Verunsicherung der Mitarbeiter darüber, daß Abläufe und auch Verantwortlichkeiten in Frage gestellt werden, zunächst eine hohe Irritation und in Folge ein hoher Informationsbedarf entsteht.

Der Informationsbedarf kann in einigen Projektphasen so hoch sein, daß die Möglichkeit zu direkten Rückfragen bestehen muß, es also zu einer "wechselseitigen Kommunikation", wie bei einem Dialog, kommen muß. Daraus wird schon ersichtlich, daß sich mit dem Projektfortschritt die Kommunikationswege und -medien den jeweiligen Anforderungen anpassen müssen. Es ist deshalb wichtig, schon bei der Projektinitialisierung ein Kommunikationskonzept zu entwerfen, das beinhaltet, wann und mit welchen Mitteln die Betroffen informiert werden müssen.

Doch neben den im folgenden dargestellten spezifischen Anforderungen der Projektphasen an das Kommunikationskonzept gibt es übergeordnete Anforderungen, an denen sich eine wirksame Kommunikation orientieren muß. Bei der Wahl von Informationsmedium, -darstellung und -inhalt müssen die folgenden Anforderungen berücksichtigt werden:

- Zielgruppenorientierung
  Darunter ist zu verstehen, daß die Aufnahmefähigkeit der Zielgruppe, die erheblich von deren fachlichen und emotionalen Voraussetzungen beeinflußt wird, berücksichtigt werden muß.
- Zeitorientierung
  Aufgrund der Tatsache, daß es neben den formalen Kommunikationsstrukturen immer auch eine informelle Kommunikation gibt, ist es wichtig, relevante Informationen so früh wie möglich weiterzugeben, um das Entstehen von Gerüchten, mit

denen häufig falsche Sachverhalte weitergegeben werden und die dadurch den Projektverlauf empfindlich stören können, zu unterbinden.

- Zweckorientierung
  Dieses Kriterium verweist auf die Grenzen der Kommunikation, denn es können nicht "alle bei allem mitreden". Der Zweck der Information sollte darin bestehen, den Betroffenen ein zielkonformes Verhalten zu ermöglichen. Das kann so aussehen, daß klare Entscheidungen getroffen, die Rahmenbedingungen und Hintergründe für Entscheidungen dargestellt werden und eine Diskussion sich dann damit beschäftigt, wie diese umgesetzt werden können.

In der **Initialisierungsphase** eines Umstrukturierungsprojekts ist zunächst darauf zu achten, daß die Planungsmitglieder einem einheitlichen Wissensstand über neue Organisationskonzepte erhalten und aufgrund dessen fähig sind, die richtigen Ziele zu formulieren und die Planungsaufgabe zu bewältigen. Es geht hierbei also hauptsächlich um die **Informationsbeschaffung**. Am Ende der Initialisierungsphase, wenn die Schwachstellen bekannt, die Ziele formuliert und die Projektorganisation (Aufbau und Ablauf) entwickelt wurde, sollten alle von der Umstrukturierung betroffenen Mitarbeiter informiert werden.

In der **Grobplanungsphase** sollte angestrebt werden, die betroffene Abteilung oder Gruppe permanent über den Projektfortschritt zu informieren. Diese **Informationsvermittlung** kann entweder dadurch realisiert werden, daß ein Vertreter aus der betroffenen Abteilung oder Gruppe an den Projektsitzungen teilnimmt oder daß regelmäßige Informationsveranstaltungen von Mitgliedern des Projektteams oder dem Vorgesetzten angeboten werden. Spätesten am Ende der Grobplanungsphase sind der Projektfortschritt und die bis dahin getroffenen Entscheidungen einem größeren Kreis (neben den direkt Betroffenen auch die nur mittelbar Betroffenen, z.B. aus den indirekten Bereichen) zugänglich zu machen. Je nach Ausmaß des Umstrukturierungsprojekts kann es auch sinnvoll sein, eine Informationsveranstaltung für alle Beschäftigten einzuberufen.

In der **Implementierungsphase**, wenn die Betroffenen zunehmend an den Detailplanungen beteiligt werden oder diese ganz übernehmen, muß eine **wechselseitige Informationsvermittlung** ermöglicht werden. Den Betroffenen muß ein fester Ansprechpartner zugeteilt werden, an den sie Anfragen richten, mit dem sie Vorschläge diskutieren können und von dem sie Rückmeldungen aus der Steuerungsgruppe und über den weiteren Projektfortschritt erhalten. Diese Aufgabe kann vom Moderator, dem direkten Vorgesetzten oder einem "Paten" aus dem Projektteam oder der Geschäftsführung übernommen werden.

Dasselbe Prinzip der **wechselseitigen Informationsvermittlung** sollte auch zu Beginn der **Nutzungsphase** aufrechterhalten bleiben, damit auftretende Probleme schnell gelöst werden können. Später übernimmt die Führungskraft die Aufgabe, die Gruppe so zu informieren und zu fördern, daß sie sich konform zu den Unternehmenszielen entwickelt.

Informationsmedien

Zunächst sollen hier die **Informationsquellen** vorgestellt werden, die in der Initialisierungsphase zur Informationsbeschaffung genutzt werden können. Im Anschluß daran werden dann die Maßnahmen beschrieben, die zur Gestaltung der **firmeninternen Kommunikation** anzuwenden sind und sich in schriftliche und mündliche Medien unterteilen lassen.

Informationsquellen

Das notwendige Wissen (Informationen), um qualifiziert den Planungsprozeß beginnen zu können, läßt sich aus unterschiedlichen Quellen ziehen. Zur Unterstützung einer ganzheitlichen Planung sollten möglichst viele Quellen genutzt werden, um vielfältige Anregungen zu gewinnen. Ganzheitlich bedeutet in diesem Zusammenhang, sich über die vielfältigen Einflußfaktoren zu informieren, die über die rein technische Planung hinausgehen, wie z.B. Qualifizierungskonzepte oder auch Arbeitszeit- und Entlohnungsmodelle. Diese erste Informationsbeschaffung und -auswertung bleibt zunächst auf die Planer und Entscheider beschränkt. Sie können aber im Projektverlauf als Multiplikatoren zur Qualifizierung weiterer Planer des Projektteams oder der betroffenen Mitarbeiter auftreten.

Im folgenden werden nun die wichtigsten Informationsquellen kurz dargestellt [nach AWF 90]:

Seminare
Mit Seminaren zur Umstrukturierung können Einführungen in das Thema oder die Behandlung ausgewählter Aspekte geboten werden. Aufgrund des großen Teilnehmerkreises hat der Einzelne nur bedingt die Möglichkeit, eigene unternehmensspezifische Problemstellungen einzubringen und diskutieren zu lassen.

Seminare bieten in der Initialisierungsphase dennoch wichtige Informationen, indem sie entweder den Einführungsprozeß behandeln oder im Rahmen der Darlegung des Gesamtkonzepts die wesentlichen Punkte benennen.

Gut organisierte Seminare und Fachtagungen (s.u.) bieten zugleich die Möglichkeiten einer Diskussion und des Erfahrungsaustausches mit den Referenten, aber auch der Teilnehmer untereinander. Sie geben den Teilnehmern Aufschluß darüber, ob sie mit ihren eigenen Überlegungen auf dem richtigen Weg sind, welche neueren Entwicklungen sich auftun und welche bisher unbedachten Aspekte nun verstärkt angegangen werden müssen.

Fachtagungen
Fachtagungen sind von ihrem Charakter her die aktuellste Form der Informationsbeschaffung, da sie diverse aktuelle Einzelaspekte, Trends, Erfahrungen usw. zur Thematik in kurzer Zeit gebündelt vermitteln.

Arbeitskreise

Arbeitskreise sind insofern eine gute Informationsquelle, da hier der Erfahrungsaustausch und die intensive Diskussion an gemeinsamen Problemstellungen nützliche Anregungen für die eigene Problemlösung gibt. Sie sollten als realisierungsbegleitende Informationsquelle benutzt werden, da sie über einen längeren Zeitraum mit einem festgelegten Abstand tagen und somit zur reinen Informationsbeschaffung in der Initialisierungsphase zu lang sind.

Die Mitarbeit in einem Arbeitskreis sollte angestrebt werden, da sich durch die intensive Diskussion mit anderen Teilnehmer und durch den Besuch von reorganisierten Firmen Planungs- und Entwicklungsfehler vermeiden lassen und wichtige Anregungen gegeben werden, die in die eigene Planung mit einfließen sollten.

Weitere Informationsquellen

Als weitere Informationsquellen stehen natürlich die schriftlichen Medien, wie Fachzeitschriften und Fachbücher zur Verfügung. Häufig können aber auch Verbände, Kammern und Universitäten helfen, Ansprechpartner zu vermitteln, mit denen im Rahmen von Orientierungsberatungen ein Thema vertieft diskutiert werden kann oder die Hinweise zu weiteren Informationsquellen geben.

Firmeninterne Kommunikation

Die im Rahmen der firmeninternen Kommunikation zur Verfügung stehenden **schriftlichen** Medien sind [nach AWF 90]:

- **Mitarbeiterzeitung**
  Ein gezielter Bericht in der Mitarbeiterzeitung bietet die Möglichkeit, die Hintergründe und Ziele eines Umstrukturierungsprojekts zu erläutern. Innerhalb von Folgeberichten kann dann laufend über den Projektfortschritt berichtet werden, oder es können auch die Auswirkungen und Vorteile für die betroffenen Betriebsbereiche thematisiert werden. Die Berichte müssen offen und ehrlich Ziele und Auswirkungen darlegen und dürfen nicht einseitig Stellung beziehen.

- **Aktuelle Informationen am "Schwarzen Brett"**
  Aktuelle Informationen sind häufig komprimierte Beschreibungen, die mehr Fragen offen lassen, als sie beantworten, so daß unbedingt darauf zu achten ist, eine sprachlich präzise und verständliche Darstellung zu wählen, um den Interpretationsspielraum einzuschränken.

- **Broschüren**
  In einer kurzen Broschüre, die an alle betroffenen Mitarbeiter verteilt wird, sollten die wichtigsten Hintergründe, Auswirkungen und Ziele einer Umstrukturierung dargestellt werden, wobei darauf zu achten ist, daß genügend erklärendes und visualisierendes Bildmaterial enthalten ist.

Der Nachteil aller schriftlichen Medien besteht darin, daß konkrete Fragen der Mitarbeiter nicht sofort beantwortet werden können. Sie bieten sich deshalb hauptsächlich zur Vorinformation in der Initialisierungsphase und projektbegleitend in allen Phasen zur Information über den Projektfortschritt an. Demgegenüber sind die **mündlichen** Medien informativer als die schriftlichen, da sie die Möglichkeit beinhalten, persönliche Anliegen zu erörtern. Obwohl sie teilweise sehr zeitintensiv für den Informator und die Zielgruppe sind, dürfen sie in keinem Kommunikationskonzept fehlen. Die im folgenden genannten Möglichkeiten können in Abhängigkeit von den Voraussetzungen im Unternehmen alternativ eingesetzt werden. Es geht nicht darum, möglichst viele Informationen zu vermitteln, sondern ein effizientes Kommunikationskonzept zu entwickeln, daß den Mitarbeitern die relevanten Informationen für ein zielkonformes Verhalten zur Verfügung stellt. Die Effizienz der Kommunikation ist abhängig von dem Zeitaufwand, der Anzahl der Empfänger, aber auch von der Qualität und Tiefe der Informationen. In dieser Hinsicht ist z.B. eine Großveranstaltung, bei der nur eine geringe Informationstiefe übertragen werden kann, obwohl Detailinformationen gefragt sind, ebenso uneffizient wie die Durchführung von Einzelgesprächen, wenn allgemeine Informationen weitergegeben werden.

Entscheidend ist aber, daß die durch Veranstaltungen und Informatoren weitergegebenen Informationen einheitlich sind. Deshalb ist der Betriebsrat nicht nur auf der Grundlage der gesetzlichen Mitbestimmung, sondern auch zur Gewährleistung einer konsistenten Informationsweitergabe, in den Informationsfluß einzubeziehen, z.B. durch eine Teilnahme an der Steuerungsgruppe. Die Reihenfolge der folgenden Auflistung ist so gewählt, daß die Wechselseitigkeit der Informationsvermittlung zunimmt:

- **Betriebsversammlung**
  In einer Betriebsversammlung sollten Geschäftsführung und Betriebsrat gemeinsam Konzept, Ziele und Auswirkungen eines Umstrukturierungsprojekts vorstellen und zur Diskussion stellen. Da der große Rahmen für die meisten Mitarbeiter ein Kommunikationshemmnis ist, können nur Vorinformationen weitergegeben werden, die dann für die betroffenen Mitarbeiter durch gezielte Informationsveranstaltungen vertieft werden sollten.

- **Gezielte Informationsveranstaltungen**
  Diese Veranstaltungen wenden sich an spezielle Zielgruppen und bieten zur Vertiefung der Informationsstands mehr Raum für Diskussionen und persönliche Anfragen. Die Zielgruppe kann dabei eine Gruppe betroffener Mitarbeiter aus einer oder aus mehreren Abteilungen sein. Da der Inhalt dieser Veranstaltungen die Information über den aktuellen Projektstand ist, sollten sie projektbegleitend durchgeführt werden, um die Glaubwürdigkeit der Informationsabsicht nicht infrage zu stellen. Je nach Zielgruppe und den für sie relevanten Informationen kann die Informationsveranstaltung von der Geschäftsführung, dem Betriebsrat, Vertretern des Projektteams oder dem direkten Vorgesetzten angeboten werden. Wichtig ist nur, daß eine Kontinuität hinsichtlich der Häufigkeit der Treffen und der Person des Informators gewahrt bleibt.

- **Firmeninterne Workshops**
  Wenn neben der Informationsweitergabe ein konkretes Thema bearbeitet werden soll, dessen Komplexität den Rahmen einer üblichen Besprechung sprengen würde, dann bietet sich für eine überschaubare Gruppe von Personen die Durchführung eines Workshops an. Der Vorteil liegt darin, daß durch die gemeinsame Arbeit nicht nur eine vertiefte Auseinandersetzung mit einem Thema erreicht, sondern gleichzeitig bereits Partizipation geübt wird. Die Durchführung von Workshops kann deshalb im Projektablauf mehrmals notwendig werden und sollte nicht nur den Führungskräften offenstehen. Mit der Unterstützung von Moderatoren können sowohl fachliche Probleme bearbeitet als auch soziale Konfliktsituationen entschärft werden, was sich positiv auf die Teamentwicklung auswirkt.

- **Interne Betriebsbesichtigungen**
  In vielen Firmen, insbesondere Großunternehmen, gibt es Mitarbeiter, die außer der Abteilung, in der sie beschäftigt sind, kaum eine andere Abteilung kennen. Sie können deshalb nicht einschätzen, welches die Anforderungen der anderen Abteilungen an ihre Arbeit sind und wissen auch nicht, was ihr persönlicher Anteil innerhalb der Produktentstehungskette ist. Durch eine Betriebsbesichtigung können sowohl die Probleme vor Ort, um derentwillen die Umstrukturierung durchgeführt wird, gezeigt werden, als auch das Produktdenken der Mitarbeiter gesteigert werden.
  Wenn im Unternehmen bereits selbststeuernde Produktionseinheiten bestehen, bietet es sich an, die Mitarbeiter einer zukünftigen Insel oder Gruppe vor der Implementierung mit Mitarbeitern bestehender Inseln oder Gruppen vor Ort zusammenzubringen, um einen Erfahrungsaustausch anzuregen.

- **Einsetzung von Ansprechpartnern**
  Die Einsetzung eines Ansprechpartners wird spätestens in der Implementierungsphase erforderlich, wenn von einer Gruppe mit der Planung ihres Arbeitssystems begonnen wird. Der Ansprechpartner (für eine oder mehrere Produktionseinheiten) ist Vertrauenspartner für persönliche Fragen, Sorgen und Ängste der Mitarbeiter und zugleich deren Berater. Er ist zusätzlich verantwortlich für einen schnellen Informationsfluß zwischen dem Steuerungskreis und der Gruppe und sollte deshalb entweder dem Projektteam oder der Geschäftsführung angehören. Da Probleme häufig im Detail stecken und eine kurzfristige Abstimmung erfordern, muß ein direkter Kommunikationsweg ohne Hemmnisse zwischen der Gruppe und dem Ansprechpartner geschaffen werden.

- **Einsetzung von Moderatoren**
  Häufig sind Gruppen, die mit der Detailplanung ihres Arbeitssystems beauftragt werden, noch nicht sehr geübt in der Moderation von Besprechungen. In dieser Situation empfiehlt es sich, qualifizierte Moderatoren einzusetzen. Sie sollen neben der Moderation der Gruppengespräche auch bei der gruppendynamischen Entwicklung unterstützend eingreifen können. Nur wenn dafür interne Mitarbeiter eingesetzt werden, erübrigt sich die Einsetzung zusätzlicher Ansprechpartner,

denn zu externen Moderatoren, die der Gruppe nur während der Besprechungstermine zur Verfügung stehen, kann nur selten ein kurzer Kommunikationsweg aufgebaut werden.

- **Information durch den Vorgesetzten**
  Die Kommunikation mit dem momentanen oder zukünftigen Vorgesetzten gibt einerseits die Möglichkeit zur frühzeitigen und sich sukzessive entwickelnden Zusammenarbeit auf einer Vertrauensbasis, andererseits die Möglichkeit, daß sich die Führungskraft in ihre zukünftige Rolle langsam einarbeiten kann (Kap. 6).

Neben der geplanten, formalen Kommunikation sollten immer auch die **informellen Kommunikationswege**, die sogenannte "Buschtrommel" oder auch "Gerüchteküche", berücksichtigt werden. Es ist darauf zu achten, daß sich diese beiden Komunikationsstrukturen gegenseitig ergänzen und sich nicht zwei "Gegenwelten" entwickeln, die zueinander im Widerspruch stehen. Um die informelle Kommunikation zu nutzen, bieten sich zwanglose Begegnungen mit den Mitarbeitern an. Für die Führungskräfte oder Mitglieder des Projektteams kommt es bei solchen Begegnungen hauptsächlich darauf an, zu erfassen, was die Mitarbeiter wirklich bewegt, und darauf die Aussagen und später die Maßnahmen des formalen Kommunikationskonzepts abzustimmen. In dieser Situation sind also weniger Präsentationen und wohlformulierte Statements gefragt als vielmehr ehrliche Antworten auf persönliche Anfragen. Häufig läßt sich dabei auch feststellen, daß rationale Begründungen gegen eine Maßnahme nur vorgeschoben sind und tieferliegende Ängste und Unsicherheiten verdecken sollen. Situationen, in denen diese offene Kommunikation betrieben werden kann, ergeben sich z.B. durch [nach Doppler 94]:

- **Management by walking around**
  Darunter ist zu verstehen, daß sich die Führungskräfte oder Mitglieder des Projektteams mit keinem anderen Ziel zu den direkten Mitarbeitern vor Ort begeben, als zu erfahren, was diese bewegt.

- **Kamingespräche**
  Am Rande von Bildungsveranstaltungen oder Workshops ergibt sich häufig die Gelegenheit, innerhalb sogenannter "Kamingespräche", in einem entspannten Rahmen, mit den Mitarbeitern einen "lockeren" Meinungsaustausch darüber zu führen, was sie wirklich bewegt. Zur Initiierung eines zwanglosen Gesprächs dürfen von der Führungskraft allenfalls Fragen zur Situation vor Ort oder zur Befindlichkeit der Gesprächspartner gestellt werden, weniger angebracht sind Präsentationen oder Statements.

- **Feste und Ausflüge**
  Auch Betriebsfeste und Ausflüge bieten günstige Gelegenheiten für zwanglose Begegnungen. Neben der Wahrnehmung der Stimmung unter den Mitarbeitern, können gleichzeitig wichtige Botschaften übermittelt werden. Bei den Mitarbeitern hinterlassen solche natürlichen Begegnungen oft einen wesentlich nachhaltigeren Eindruck, als einige der aufwendigeren offiziellen Veranstaltungen.

Literatur

AWF Integrierte Fertigung von Teilefamilien - Werkzeuge und Methoden zur Planung und Einführung von Fertigungsinseln, Bd. 2. Verlag TÜV Rheinland: Köln, 1990

Doppler, K.
Lauterburg, C. Change Management: Den Unternehmenswandel gestalten. Campus Verlag: Frankfurt/Main, New York, 1994

Heeg, F. J. Moderne Formen der Arbeitsorganisation: Grundlagen der organisatorischen Gestaltung von Arbeitssystemen bei Einsatz neuer Technologien. Hanser: München, Wien, 1988

8 Fertigungssegmentierung

Definition und Ziele

Als Fertigungssegment (treffender wäre eigentlich die Bezeichnung Produktionssegment) werden produktorientierte Organisationseinheiten der Produktion bezeichnet, die mehrere Stufen der logistischen Kette eines Produktionsprozesses umfassen und mit denen eine spezifische Wettbewerbsstrategie verfolgt wird.

Darüber hinaus zeichnen sich Fertigungssegmente auch durch die Integration indirekter Funktionen aus und sind in der Regel als Cost-Center organisiert [Wildemann 88].

Die wesentlichen Definitionsmerkmale von Fertigungssegmenten lassen sich wie folgt charakterisieren [Wildemann 88]:

❑ Markt- und Zielausrichtung

Jedes Fertigungssegment repräsentiert eine bestimmte Produkt-Markt-Produktion-Kombination. Dies bedeutet, daß mit den Produkten eines Segments einerseits eine bestimmte Wettbewerbsstrategie (z.B. Technologie- oder Kostenführerschaft) verfolgt wird und andererseits jeweils spezifische Anforderungen an das Produktionssystem vorliegen. So können segmentierte Fertigungsbereiche erheblich besser auf die jeweilige Produktionsaufgabe ausgerichtet werden, als wenn sämtliche Produkte eines Unternehmens mit gleicher Fertigungsstruktur hergestellt werden müßten.

❑ Produktorientierung

Die Bildung von Fertigungssegmenten orientiert sich an den jeweils zugeordneten Produkten bzw. Produktgruppen. Leistungsverflechtungen zwischen den Segmenten gilt es hierbei zu vermeiden, um die Zahl der organisatorischen Schnittstellen im Ablauf und damit den Koordinationsaufwand möglichst gering zu halten sowie die Vorteile der angestrebten Segmentspezialisierung zu nutzen.

❑ Mehrere Stufen der Produktionsprozeßkette

Fertigungssegmente umfassen definitionsgemäß stets mehrere Stufen der Produktionsprozeßkette eines Produkts (beispielsweise zumindest Fertigung *und* Vormontage). Im Idealfall sind alle unternehmensinternen Wertschöpfungsstufen eines Produkts oder einer Produktgruppe sowie die operativen Nebenfunktionen in einem Segment integriert.

❑ Übertragung indirekter Funktionen

Im Sinne der Rückführung hochgradiger horizontaler und vertikaler Arbeitsteilung mit ihren zahlreichen Schnittstellen im Informations- und Materialfluß und den damit verbundenen Intransparenzen und Reibungsverlusten werden indirekte

Tätigkeiten wieder in den Fertigungsprozeß der Segmente integriert. Hierbei wird ein möglichst hoher Autonomiegrad der Segmente angestrebt.

- Kostenverantwortung

  Durch die am Fertigungsprozeß orientierte Zusammenfassung wertschöpfender Arbeitsschritte und die im Vergleich zu konventionellen Fertigungsstrukturen höhere Integration indirekter Aufgaben ergibt sich bei der Fertigungssegmentierung die Möglichkeit, die Segmente mit weitgehender Kostenverantwortung auszustatten und sie als Cost-Center zu führen. Dies bedeutet, daß die Segmente bzw. deren Leitung die alleinige Verantwortung dafür tragen, die vereinbarten Leistungsvorgaben (z.B. Produktionsmengen der im Segment pro Zeiteinheit zu fertigenden Einheiten) im Rahmen des dafür vorgesehenen Budgets zu erfüllen. Hierfür sind sie mit Kompetenzen auszustatten, die ihnen Möglichkeiten und Freiräume für eine entsprechende Kostenbeeinflussung einräumen.

Eine Einordnung der Fertigungssegmente in die Unternehmensstrukturen wird in Abb. 5.1 vorgenommen. Aufgrund der Integration mehrerer Stufen der logistischen Kette des Produktionsprozesses sind Fertigungssegmente oberhalb der Flexiblen Fertigungssysteme und der Fertigungsinseln eingeordnet. In Einzelfällen ist es auch möglich, daß ein Betrieb ein Fertigungssegment darstellt.

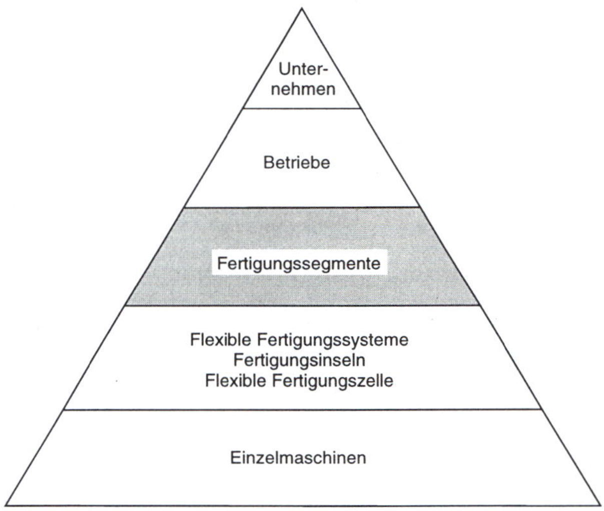

Abb. 8.1: Einordnung von Fertigungssegmenten [Wildemann 88]

Ziele der Fertigungssegmentierung

Eine Untersuchung von Unternehmen, die eine Fertigungssegmentierung durchgeführt haben, ergab folgende Segmentierungsziele (geordnet nach sinkender Bedeutung) [Wildemann 88]:

- ❑ Durchlaufzeitverkürzung
- ❑ Bestandssenkung
- ❑ Produktivitätssteigerung
- ❑ Senkung der Gemeinkosten
- ❑ Servicegradverbesserung
- ❑ Schnittstellenminimierung
- ❑ Erhöhung der Mitarbeitermotivation
- ❑ Bessere Kostenzuordnung.

Die zur Erreichung der genannten Ziele wesentlichen Erfolgsfaktoren der Fertigungssegmentierung sind:

- ❑ Orientierung der Produktion an den Kunden- bzw. Marktbedürfnissen,
- ❑ übersichtliches Produktionssystem mit geringem zentralen Steuerungsanteil und
- ❑ Minimierung von Reibungsverlusten (Koordinationskosten) durch Reduzierung organisatorischer Schnittstellen.

Gestaltungsprinzipien und Eignungskriterien

Bei der Gestaltung eines segmentierten Produktionssystems, also der individuellen Umsetzung des Segmentierungsgedankens, bietet die konsequente Orientierung an den folgenden Gestaltungsprinzipien der Fertigungssegmentierung eine wertvolle Richtschnur bei der Planung [Wildemann 88]:

- ❑ Flußoptimierung
- ❑ Kleine Kapazitätsquerschnitte auf jeder Fertigungsstufe
- ❑ Räumliche Konzentration von Betriebsmitteln mit variablem Layout
- ❑ Komplettbearbeitung von Teilen und Baugruppen
- ❑ Selbststeuernde Regelkreise
- ❑ Selbstkontrolle der Qualität bzw. SPC
- ❑ Entkopplung von Mensch und Maschine

Die Gestaltungsprinzipien sind hierbei nicht als isolierte Planungskomponenten zu betrachten, sondern erst eine integrierte Planung und Einführung ermöglicht eine erfolgreiche Realisierung des Segmentierungskonzepts.

- **Flußoptimierung**

  Die Flußoptimierung als wesentlichstes Gestaltungsprinzip zielt auf die Minimierung der Durchlaufzeiten und damit der Bestände ab. Hierzu ist eine Fertigung nach dem Fließprinzip anzustreben, die die Übergangszeiten im Ablauf und damit den Hauptbestandteil der Durchlaufzeit auf ein Mindestmaß reduziert. Wo eine Umsetzung dieses Gedankens durch eine technische Verkettung von Arbeitsgängen ("echte Fließfertigung") nicht möglich ist, ist zumindest eine organisatorische Verkettung der Ressourcen sicherzustellen (z.B. Zuordnung zu einem gemeinsamen Verantwortungsbereich). Für die Umsetzung dieses Gedankens ist eine Analyse der Fertigungsprozesse und insbesondere die Identifikation (und ggf. Beseitigung) von Engpässen im Ablauf erforderlich. Ein optimaler Fertigungsprozeß kann jedoch nur erreicht werden, wenn auch die Informationsflüsse an die neu gestalteten Abläufe angepaßt werden.

- **Kleine Kapazitätsquerschnitte in jeder Fertigungsstufe**

  Damit die Optimierung des Fertigungsflusses nicht zu einem deutlichen Rückgang der Betriebsmittelauslastung führt, ist häufig eine Harmonisierung der Kapazitätsquerschnitte erforderlich. Hierfür eignen sich in besonderem Maße Maschinen mit kleinen Kapazitätsquerschnitten (ggf. mehrfach vorhanden). Kleine Betriebsmitteleinheiten schaffen außerdem die Voraussetzung für eine räumliche Nähe von im Ablauf zusammengehörenden Bearbeitungsstationen und haben i.d.R. ein generell geringeres Beschäftigungsrisiko. Häufig führt die Forderung nach kleineren, verteilten Betriebsmitteleinheiten sogar zu einer Verringerung der Umweltbelastung bzw. Gesundheitsbeeinträchtigung, da die Kosten für eine Erweiterung von Absaug-, Filter- und Sicherheitsanlagen die Einführung umweltfreundlicher Verfahren begünstigen (z.B. lösungsmittelfreie Waschanlagen).

- **Räumliche Konzentration von Betriebsmitteln**

  Die räumliche Nähe zusammengehöriger Betriebsmittel führt zu einem engen Kontakt der Mitarbeiter als Basis für eine flexible, dezentrale Koordination der Abläufe (Abstimmung auf "Zuruf"). Neben den Informationswegen werden hierdurch auch die Materialwege und damit Transportzeiten und -aufwand reduziert.

- **Komplettbearbeitung von Teilen und Baugruppen**

  Unter den Zielen der Reduzierung von Übergangs- und Liegezeiten sowie der Minimierung des Gesamtsteuerungsaufwands wird in den Produktionseinheiten der Segmente (z.B. Teilefertigung, Baugruppenmontage, Endmontage) die Komplettbearbeitung von Teilen oder Baugruppen angestrebt. Hier können Abläufe eigenverantwortlich koordiniert und Material bzw. Werkzeuge dezentral disponiert und gesteuert werden. Daneben wird eine ganzheitliche Arbeitsaufgabe geschaffen, die die Einführung von Fertigungsinseln oder Gruppenarbeit (vgl. Kapitel 9 und 10) und die vollständige Integration der Qualitätsverantwortung vorbereitet.

- **Selbststeuernde Regelkreise**

  Das Gestaltungsprinzip der Flußoptimierung wirft zwangsläufig die Forderung nach neuen Steuerungskonzepten auf, die zu einer Vereinfachung der Informations- und Koordinationsaufgaben führen. Ziel muß es sein, sämtliche operativen Steuerungsaufgaben auf die Produktionseinheiten zu übertragen und nur noch die Grobplanung zentral durchzuführen. Die Steuerung innerhalb der Produktionseinheiten wird hierbei durch die direkten Kommunikationsmöglichkeiten unterstützt, während für die Schnittstellen zwischen Produktionseinheiten formale, aber möglichst einfache organisatorische Regelungen erforderlich sind (z.B. Kanban-Steuerung).

- **Selbstkontrolle der Qualität**

  Eine flußoptimierte und damit bestandsarme Fertigung ist anfällig genüber Störungen, da bei Qualitätsproblemen keine Sicherheitspuffer zur Verfügung stehen. Mit der Integration der Qualitätsverantwortung in die Produktionseinheiten im Sinne einer Selbstkontrolle der eigenen Arbeit werden Qualitätsregelkreise geschaffen, die die Gefahr von Qualitätsmängeln frühzeitig erkennen und flexibel reagieren können. Darüberhinaus sollten präventive Prüfstrategien (z.B. SPC, Messung von Prozeßparametern statt Produktmerkmalen) zur Anwendung kommen. Langfristig müssen die Produktionseinheiten in die Lage versetzt werden, eine umfassendere Qualitätsverantwortung wahrzunehmen, die auch - ausgehend von den Anforderungen der Kunden - die permanente Optimierung der organisatorischen Abläufe unter Leistungs-, Zeit- und Kostenaspekten beinhaltet.

- **Entkopplung von Mensch und Maschine**

  Der Einsatz von kapitalintensiven Betriebsmitteln kann ökonomisch nur bei einer Entkopplung von Mensch und Maschine erfolgen. Mit der Automatisierung von Handhabungsoperationen und der Einführung der Mehrmaschinenbedienung können die Anlagen mit geringem Personalbedarf auch über die tarifliche Arbeitszeit hinaus betrieben werden. Daneben eröffnet erst diese Entkopplung die Möglichkeit, die bereits angesprochene Verlagerung von Nebentätigkeiten (Qualitätssicherung, Disposition, Steuerung) in die Produktionseinheit vorzunehmen, ohne daß es zu Leistungseinbußen kommt.

Als Ergebnis der Segmentierung entsteht ein Produktionssystem, dessen grundlegende Unterschiede zur konventionellen Fertigung in Abbildung 8.2 dargestellt sind.

Traditionelles Fertigungskonzept	Elemente des Produktionssystems	Fertigungssegmentierung
- Große Einheiten - Spezialmaschinen - Funktionsoptimierung - Werkstatt- oder Fließfertigung	**Fertigungsstruktur**	- Trennung von Standardprodukten und kundenspezifischen Produkten - Fertigung in unterschiedlichen Segmenten - Kleine Einheiten - Flußoptimierung - Werk-in-Werk-Konzept - Produktorientiertes Layout - Gezielte Überkapazitäten - Flexible Anlagen
- Spezialisierte Arbeitsplätze mit niedrigem Arbeitsinhalt - Akkordentlohnung - Ausrichtung auf Mengenausstoß	**Personalpolitik**	- Erweiterung der Arbeitsinhalte um dispositive Aufgaben - Prämienentlohnung mit segmentspezifischen Bezugsgrößen
- Detaillierte Absatzprognosen - Lagerfertigung - Bildung wirtschaftlicher Losgrößen	**PPS-Systeme**	- Kundenauftragsbezogene Fertigung von Varianten und Lagerfertigung von Standardteilen - Selbststeuernde Regelkreise
- Zentrale Qualitätskontrolle - Trennung von Ausführen und Kontrollieren	**Qualitätskontrolle**	- Dezentrale Selbstkontrolle - Integration von Ausführen und Kontrollieren
- Funktional - Niedrige Leitungsspannen	**Organisationsstruktur**	- Objektbezogen - Hohe Leitungsspannen auf Meisterebene

Abb. 8.2: Gegenüberstellung von traditionellem Fertigungskonzept und Fertigungssegmentierung [nach Wildemann 92]

Kriterien für die Eignung der Fertigungssegmentierung

Bei der Beurteilung der Eignung und Anwendungsfelder der Fertigungssegmentierung muß berücksichtigt werden, daß Segmentierungskonzepte verschiedene Zielsetzungen verfolgen und damit in ihrer konkreten Ausgestaltung durchaus große Unterschiede aufweisen können. Eine generelle Bewertung der Eignung des Segmentierungsansatzes fällt daher schwer.

Da eine Eignungsbewertung vor dem Planungsbeginn durchgeführt wird, können keine Aussagen über die interne Gestaltung der Fertigungssegmente gemacht werden. Allenfalls ist es möglich, Aussagen über unterschiedliche Produkt-Markt-Beziehungen innerhalb des Produktspektrums zu treffen. Die Kriterien, die in dieser Phase für eine Eignungsbewertung angelegt werden können, sind:

- ❑ Es handelt sich um eindeutig definierbare und andauernde Kundenanforderungen (Produkt-Markt-Kombination), die längerfristig gültig sind.
- ❑ Innerhalb einer Gruppe von Produkten mit gleichen Produkt-Markt-Beziehungen existieren einheitliche und von anderen Produktgruppen abgegrenzte Ähnlichkeiten in den Kundenbedürfnissen (z.B. Qualität, Service), in den Marktverhältnissen (z.B. Wachstum, Wettbewerbsstruktur) und/oder in der Kostenstruktur.
- ❑ Eine Strategieplanung und -durchführung eines möglichen Fertigungssegments kann unabhängig von anderen erfolgen.

Vorgehensweise bei der Fertigungssegmentierung

Bei der praktischen Anwendung des Segmentierungsansatzes geht es zunächst darum, die Segmente so zu definieren, daß "Produkt-Markt-Produktion-Kombinationen" mit unterschiedlichen Anforderungen an das Produktionssystem voneinander abgegrenzt werden. Die Umsetzung der Gestaltungsprinzipien erfolgt bei der Festlegung der inneren Struktur der Segmente.

Die Segmentierung vollzieht sich hierbei in vier wesentlichen Schritten (Abb. 8.3 und 8.6).

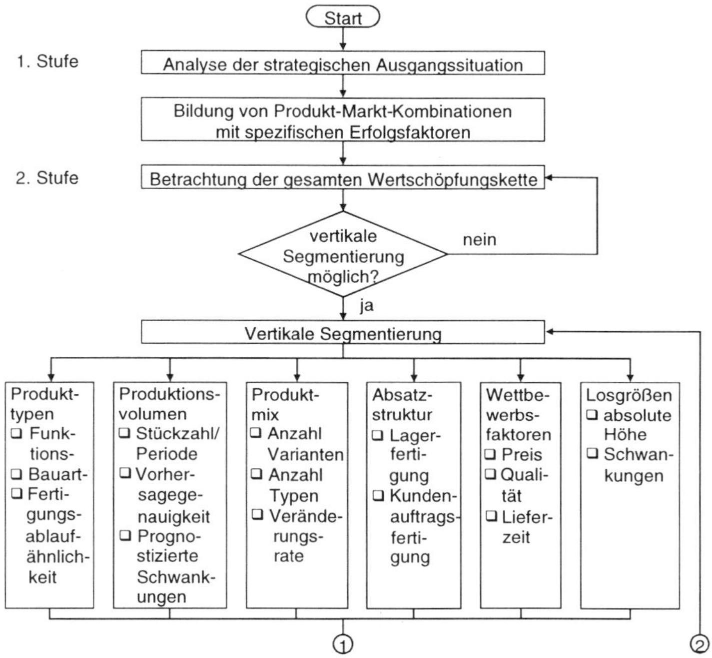

Abb. 8.3: Ablauf des Segmentierungsprozesses (Teil 1) [Wildemann 88]

1 Markt- und Wettbewerbsanalyse

Ausgangspunkt ist eine umfassende Markt- und Wettbewerbsanalyse, die der Identifikation von Produkt-Markt-Kombinationen mit unterschiedlichen Erfolgsfaktoren dient. Hierbei erfolgt einerseits eine Analyse des Produktprogramms, die zu einer Gliederung der Produkte nach ihren Funktionen führt (z.B. Hardware, Software und

Service). Auf der anderen Seite sind die Märkte bzw. Kundengruppen zu strukturieren (z.B. nach Abnehmerbranchen, Größenklassen, Vertriebswegen, etc.) und ihre Anforderungsprofile zu analysieren. Auf dieser Basis werden die wesentlichen Produkt-Markt-Kombinationen des Unternehmens gebildet, die sich durch jeweils signifikant unterschiedliche Erfolgsfaktoren abgrenzen lassen.

Im Hinblick auf eine methodische Unterstützung sind bei diesem ersten Schritt der Segmentierung insbesondere Verfahren der Kundenanalyse und der Marktsegmentierung zu nennen [Berekoven 93].

2 Vertikale Segmentierung

Im zweiten Schritt erfolgt im Rahmen der vertikalen Segmentierung die Definition von Fertigungssegmenten unter Berücksichtigung produktionsorganisatorischer Gesichtspunkte. Hierbei werden die nach Marktaspekten festgelegten Produktgruppen daraufhin untersucht, inwieweit sie einheitliche Anforderungen an das Produktionssystem stellen. Derartige Anforderungen lassen sich beschreiben durch Kriterien wie

- Produkttypen (Funktions-, Bauart-, Fertigungsablaufähnlichkeit)
- Produktionsvolumen (Höhe, Schwankung)
- Absatzstruktur (nachfrage- bzw. angebotsorientiert)
- Produktmix (Typen, Varianten, diesbezügliche Veränderungsrate)
- Losgrößen (Höhe, Schwankung)
- Wettbewerbsfaktoren (Preis, Qualität, Lieferzeit).

Diejenigen Produktgruppen, bei denen diese Analyse weitgehend homogene Produktionsanforderungen feststellt, bilden auch geeignete Produkt-Markt-Produktion-Kombinationen und können somit als Fertigungssegment definiert werden.

Ist dies nicht der Fall, müssen die zunächst gebildeten Produktgruppen noch einmal nach produktionsorganisatorischen Gesichtspunkten weiter unterteilt werden, um zu einer sinnvollen Festlegung der Fertigungssegmente zu gelangen.

Für die Analyse im Rahmen der vertikalen Segmentierung wichtige Methoden sind:

- ABC-Analyse (Identifikation von "Schlüsselprodukten" mit hohen Stückzahlen)
- XYZ-Analyse (Untersuchung der Vorhersagegenauigkeit der Produktnachfrage)

Mit der **ABC-Analyse** ist es möglich, einen vorhandenen Datenbestand entsprechend seinem Einfluß auf ein untersuchtes Merkmal zu ordnen, indem drei Klassen gebildet werden. Sie läßt sich immer dann anwenden, wenn nur ein Merkmal einer begrenzten Elementeanzahl untersucht werden soll. Ihre universelle Anwendbarkeit liegt darin begründet, daß es sich bei den zu untersuchenden Elementen beispielsweise um Produkte, Teile oder Fehlerarten handeln kann, die hinsichtlich der Merkmale Umsatzanteil, Stückzahlen oder Fehlerhäufigkeiten untersucht werden. Ihre Einsatzgebiete können demzufolge bei der Identifikation der wichtigsten Kunden, der umsatzstärksten Produkte oder der am häufigsten gefertigten Teile liegen. Das Vorgehen bei der Durchführung einer ABC-Analyse soll im folgenden anhand eines Teilschrittes bei der Bildung von Fertigungssegmenten vorgestellt werden.

Bei der Planung von Fertigungssegmenten ist zu untersuchen, ob innerhalb eines Produkttyps Varianten mit hohen Stückzahlen und solche mit relativ niedrigen auftreten. Es werden dabei die Variantennummern nach absteigenden Stückzahlen geordnet (Abb. 8.4). Anschließend werden die kumulierten relativen Stückzahlen aufgetragen. Die Einteilung der Variantennummern erfolgt in drei Klassen (A, B, C), wobei die quantitative Festlegung der Grenzen zwischen den Klassen nach freiem Ermessen erfolgen kann. Aus der Klasseneinteilung lassen sich die mengenmäßigen Anteile der Varianten für jede Klasse ableiten. Die identifizierten Klassen können zur Gestaltung unterschiedlicher Fertigungssegmente herangezogen werden ("Überhol-", "Normal-", "Kriechspur").

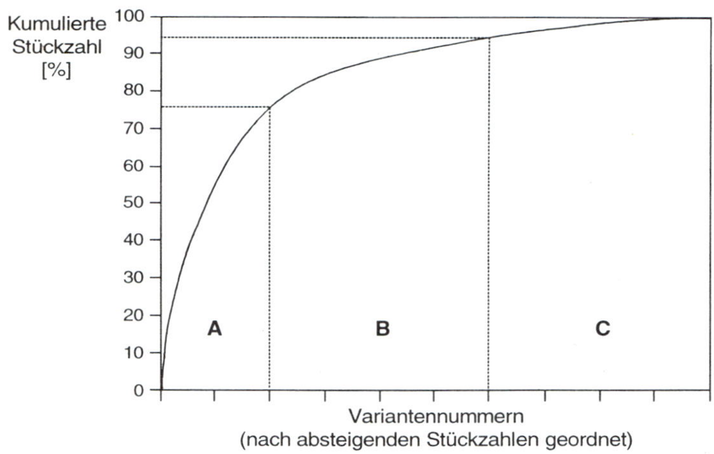

Abb. 8.4: ABC-Analyse

In einem weiteren Schritt kann die ABC-Analyse mit der **XYZ-Analyse** verknüpft werden. Dadurch soll die Vorhersagegenauigkeit über die Nachfrage nach den Produkten bestimmt werden. Je präziser die Produktnachfrage nach Art und Menge im voraus zu bestimmen ist, desto eher eignet sich die Einführung einer "Rennerfertigung". Die Analyse der Prognosesicherheit beginnt am Endprodukt, wobei rücklaufend jede Dispositionsstufe hinsichtlich der geplanten Mengen untersucht wird. Die nach dem ABC-Kriterium klassifizierten Produktgruppen lassen sich zusätzlich nach der Vorhersagegenauigkeit ihres Verbrauchs ordnen.

Die entsprechende Klassifizierung erfolgt in sogenannte X-, Y- und Z-Teile.

X-Teile haben einen konstanten Verbrauch, ihre Vorhersagegenauigkeit ist hoch.

Y-Teile haben einen trendmäßig steigenden oder fallenden Verbrauch, der auch saisonalen Schwankungen unterliegen kann. Diese Teile haben eine mittlere Vorhersagegenauigkeit.

Z-Teile haben einen völlig unregelmäßigen Verbrauch und eine dementsprechend geringe Vorhersagegenauigkeit.

Wird die ABC-Analyse mit der XYZ-Analyse im Sinne einer zweidimensionalen ABC-Analyse kombiniert, läßt sich ein verfeinertes Unterscheidungsschema für die Bildung der Segmente entwickeln. Auch die Wahl des Bedarfsermittlungsverfahrens innerhalb der Fertigungssegmente kann dadurch vereinfacht werden (Abb. 8.5). Für die Produktgruppe X könnte eine fertigungssynchrone Beschaffung, für Materialgruppe Y eine Vorratsbeschaffung und für die Produktgruppe Z eine Beschaffung im Bedarfsfall vorgesehen werden.

Stückzahl Vorhersage-genauigkeit	A hoch	B mittel	C niedrig
X hoch	hohe Stückzahl hoher Vorhersagewert	mittlere Stückzahl hoher Vorhersagewert	niedrige Stückzahl hoher Vorhersagewert
Y mittel	hohe Stückzahl mittlerer Vorhersagewert	mittlere Stückzahl mittlerer Vorhersagewert	niedrige Stückzahl mittlerer Vorhersagewert
Z niedrig	hohe Stückzahl niedriger Vorhersagewert	mittlere Stückzahl niedriger Vorhersagewert	niedrige Stückzahl niedriger Vorhersagewert

Abb. 8.5: Kombination der ABC-Analyse mit der XYZ-Analyse [nach Wiendahl 89]

3 Horizontale Segmentierung

Anschließend erfolgt im Rahmen der horizontalen Segmentierung die Planung der inneren Struktur der Fertigungssegmente (Abb. 8.6). Hierbei sollen die segmentinternen Produktionseinheiten (z.B. Teilefertigung, Montage, etc.) festgelegt und nach den Prinzipien der Fertigungssegmentierung gestaltet werden (vgl. Gestaltungsaspekte). Die hierbei zu berücksichtigenden Größen ergeben sich vorrangig aus dem Fertigungsprozeß und den einzusetzenden Produktionsanlagen, z.B.

- ❑ Fertigungsablauf (Fertigungsstufen, -schritte und -zeiten),
- ❑ Produktionsanlagen (Kapazität, Verfügbarkeit, Automatisierung, Rüstzeiten),
- ❑ Materialfluß (Layout, Transport) und
- ❑ Personal (Anzahl, Arbeitsorganisation, Entlohnung).

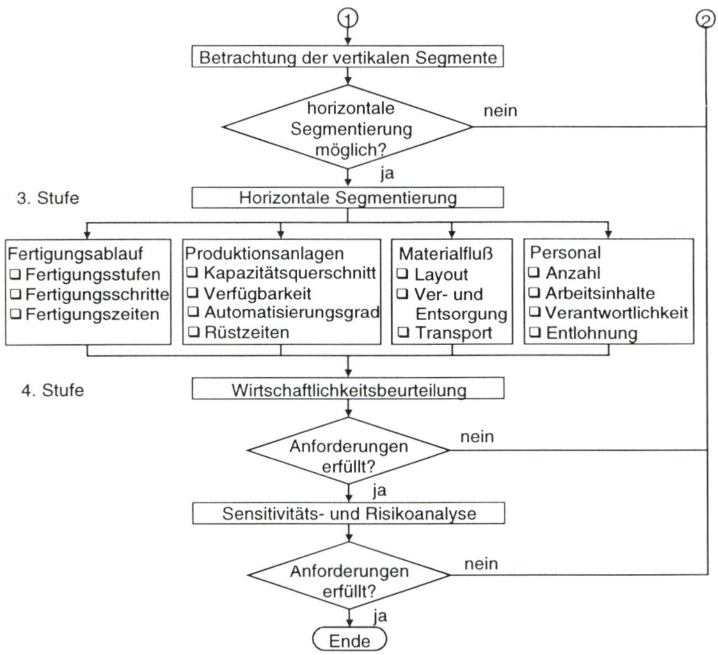

Abb. 8.6: Ablauf des Fertigungssegmentierungsprozesses (Teil 2) [Wildemann 88]

Weitere Hinweise zur Gestaltung der Segmentstrukturen sowie zur Integration indirekter Funktionen ergeben sich aus Kapitel 9 (Gruppenarbeit) und Kapitel 10 (Fertigungsinsel).

Als geeignete Methoden für die horizontale Segmentierung sind zu nennen:

- Wertzuwachsanalyse (z.B. für die Definition von Bevorratungsebenen)
- Flußanalyse (für die Identifikation potentieller Engpässe)

4 Wirtschaftlichkeitsbeurteilung

Schließlich wird eine Wirtschaftlichkeitsbeurteilung der ermittelten Segmentierungsalternativen (unter Berücksichtigung zu erwartender Erlösveränderungen!) durchgeführt. Eine dynamische Investitionsrechnung ist hierbei häufig problematisch, da aufgrund der bereichsübergreifenden Veränderungen bei der Segmentierung die eindeutige Definition einer Vergleichsbasis schwerfällt. Für die Wirtschaftlichkeitsbeurteilung wird daher i.d.R. auf Nutzwertanalysen zurückgegriffen. Doch auch dabei ist es sinnvoll, die alternativen Lösungen hinsichtlich unterschiedlicher Realisierungskosten und Einsparungen zu bewerten. Aufgrund unterschiedlicher Kostenverrechnungen in den Unternehmen kann hier kein allgemeines Kostenrechnungsmodell empfohlen werden. Bei der Zusammenstellung der Realisierungskosten sind zumindest die Investitions-, Umzugs- und Qualifizierungskosten zu berücksichtigen. Die Einsparungspotentiale, die den Realisierungskosten gegenüberzustellen sind, ergeben sich z.B. durch:

- Reduzierung der Umlauf- und Fertigwarenbestände aufgrund geringerer Durchlaufzeiten
- Produktivitätssteigerungen (Menge/Mitarbeiter) aufgrund eines höheren Anteils wertschöpfender Tätigkeiten der Mitarbeiter
- Reduzierung der qualitätsbezogenen Kosten
- Reduzierung des Werteverzehrs in den indirekten Bereichen.

Da die Aussagefähigkeit dieser Berechnung von der Qualität der zugrundeliegenden Basiswerte bestimmt wird, sind zusätzlich **Sensitivitäts-** und **Risikoanalysen** durchzuführen. Mit der Sensitivitätsanalyse wird untersucht, inwieweit sich entscheidende Planungsergebnisse (also insbesondere die Wirtschaftlichkeit) in Abhängigkeit der angenommenen Basiswerte verändern. Besonders wichtig ist hierbei die Analyse der als unsicher erachteten Größen sowie der Größen, von denen ein erheblicher Einfluß auf das Planungsergebnis vermutet wird. Hierzu können beispielsweise Variationen der

- geplanten Produktionsmengen
- Struktur des Produktionsprogrammes
- Kapazitätsquerschnitte
- Verfügbarkeit

vorgenommen werden.

Weitere Aussagen über die Erfolgsaussichten einer Segmentierungsstrategie liefert die Risikoanalyse. Sie untersucht die Tragfähigkeit eines Fertigungssegments insbesondere anhand der Kriterien Segmentgröße und Art des Wachstums. Für die Stabilität eines Segments (Dauerhaftigkeit oder Saisonalität der Marktnachfrage) ist zunächst das Beschäftigungsrisiko entscheidend. Das Risiko einer nicht-termingerechten Realisierung des Gesamtkonzepts wird durch die Identifizierung der terminkritischen Wege abgeschätzt. Für diese sind alternative Handlungsstrategien zu erarbeiten.

In einer Untersuchung von Wildemann [Wildemann 88] wurden die Wirkungen der Fertigungssegmentierung in einem Vergleich der Situation vor und nach der Segmentierung ermittelt. Es handelt sich dabei nicht um reine Ursache-Wirkungs-Zusammenhänge, da in der Regel auch andere Aktivitäten zur Zielerreichung beigetragen haben. Somit sind die im folgenden genannten Wirkungen nur als durchschnittliche Anhaltswerte zu betrachten:

❑ Durchlaufzeit	- 62 %
❑ Lieferzeit	- 54 %
❑ Gesamtbestände	- 39 %
❑ Arbeitsproduktivität	+ 28 %
❑ Qualitätskosten	- 22 %

Literatur

Berekoven, L. u.a. Marktforschung - Methodische Grundlagen und praktische Anwendung, 6. Aufl., Wiesbaden 1993

Wiendahl, H.-P. Betriebsorganisation für Ingenieure. 3., überarb. u. erw. Aufl. Hanser: München, Wien, 1989

Wildemann, H. Die modulare Fabrik: Kundennahe Produktion durch Fertigungssegmentierung, 2. Aufl., München 1988

Wildemann, H. Das Just-in-Time Konzept: Produktion und Zulieferung auf Abruf, 3. Aufl., München 1992

Schulte, C. Das Modell der Fertigungssegmentierung aus personeller und organisatorischer Sicht, Köln 1989

9 Gruppenarbeit

Definition und Zielsetzungen

Von einer Form der Gruppenarbeit wird gesprochen, wenn mehrere Mitarbeiter dauerhaft eine gemeinsame Aufgabe haben bzw. einen gemeinsamen Aufgabenbereich bearbeiten. Die Beteiligten müssen sich dabei auch selbst als Mitglieder einer Gruppe verstehen und in einer aufgabenbezogenen Zusammenarbeit stehen. Weiterhin ist die Existenz gemeinsamer (gruppen- oder leistungsbezogener) Ziele erforderlich [Alioth, Ulich 84].

Die Etablierung von Gruppenarbeit als neue Form der Arbeitsorganisation eines Betriebs erfolgt häufig durch eine stufenweise Einführung der traditionellen **Grundelemente** von Gruppenarbeit mit jeweils steigender Gruppenverantwortung und -autonomie [Refa 87]:

❑ **Job Rotation (Aufgabenwechsel):**

Mitarbeiter können mehrere Arbeitsstationen bedienen und wechseln routinemäßig oder im Bedarfsfall den Arbeitsplatz (traditionelle "Springer"-Rolle).

❑ **Job Enlargement (Aufgabenvergrößerung):**

Die Kernaufgaben der Mitarbeiter werden um verschiedenartige Nebentätigkeiten ergänzt (z.B. Qualitätsprüfung, Materialentnahme) und zu einer inhaltlich erweiterten Gesamtaufgabe zusammengefaßt.

❑ **Job Enrichment (Aufgabenanreicherung):**

Alle direkten und Umfeldaufgaben (Instandhaltung, Materialdisposition usw.) eines abgegrenzten Bereichs werden einer Arbeitsgruppe übertragen, so daß sie im Normalfall ohne Eingriffe durch andere Stellen oder Vorgesetzte ein abgeschlossenes Arbeitsergebnis (z.B. Gerätemontage einschließlich Test und Verpackung) erzielen kann.

❑ **Teilautonome Arbeitsgruppe:**

Erst wenn die Arbeitsgruppe einen starken Gruppenzusammenhalt und eine große Selbständigkeit entwickelt hat, kann von wirklicher Gruppenarbeit gesprochen werden, mit der substantielle Verbesserungen und damit die Erreichung hochgesteckter Ziele möglich sind. Die Voraussetzung für das Entstehen dieses Gruppenverständnisses und damit der Kern der Gruppenarbeit ist das "Sich-selbst-Organisieren" der Gruppe durch Übernahme von Planungs- und Steuerungsaufgaben sowie das gemeinsame Verantworten der Arbeitsergebnisse der Gruppe (Zeit, Qualität und Kosten) nach außen, also die **Autonomie** der Gruppe.

Gruppenbezogene Modelle zur **Ergänzung** der Arbeitsorganisation, wie Qualitätszirkel, Vorschlagsgruppen, Projektgruppen oder Problemlösungsworkshops stellen an sich noch keine Form der Gruppenarbeit dar, können jedoch in diese integriert werden und sie sinnvoll ergänzen.

Hier wird bereits deutlich, daß Gruppenarbeit neue Aufgaben- und Anforderungsprofile für die Mitarbeiter wie auch für die Führungskräfte mit sich bringt und selten ohne umfassende Qualifizierungsmaßnahmen eingeführt werden kann.

Zielsetzungen bei der Einführung von Gruppenarbeit

Mit neuen Arbeitsformen sollen die Nachteile der in der Vergangenheit verfolgten Strategie einer immer feiner untergliederten Teilung der Arbeitsinhalte sowie der Trennung von Planung, Entscheidung/Verantwortung und Ausführung überwunden werden. Diese äußerten sich in langwierigen Entscheidungswegen, fehlender Motivation der Beschäftigten, unzureichender Nutzung der Ressource "Mitarbeiter", Fehlzeiten, Fluktuation sowie Fehlleistungen.

Bei der Einführung von Gruppenarbeit werden (wenn auch mit unterschiedlicher Gewichtung) zwei grundlegende Zielsetzungen verfolgt: Die Steigerung der Wirtschaftlichkeit der Produktion sowie die Erhöhung der Arbeitszufriedenheit der Mitarbeiter. Im Einzelnen lassen sich folgende Ziele nennen:

Tabelle 9.1: Zielsetzungen bei der Einführung von Gruppenarbeit

Erhöhung der Wirtschaftlichkeit der Produktion	**Erhöhung der Arbeitszufriedenheit der Mitarbeiter**
• Steigerung der Produktivität • Erhöhung der Produktionsflexibilität • Qualitätsverbesserung (Ausschuß) • Verringerung von Stillstandszeiten und Überstunden • Reduzierung der Gemeinkosten • Verbesserung des Materialflusses • Verringerung von Durchlaufzeiten und Beständen • ...	• Berücksichtigung veränderter Wertvorstellungen der Mitarbeiter • Steigerung der Fachkompetenz • Schaffung von Produktidentifikation • Verringerung von Monotonie / Streß • Aktive Gestaltungsmöglichkeiten bei Arbeitsplatz und -umfeld • ...

Im Rahmen von Kaizen- bzw. KVP-Aktivitäten (Kap. 11) gewinnt darüber hinaus das Ziel der verstärkten Nutzung des aufgabenbezogenen Fachwissens und der Kreativität der Mitarbeiter für (wirtschaftlichkeitssteigernde) Verbesserungen ihres Arbeitsplatzes an Bedeutung. Durch begleitende Qualifizierung, breiteres Aufgabenspektrum der Mitarbeiter und organisatorische Veränderungen (Handlungsspielräume) bietet die Einführung von Gruppenarbeit hierfür eine ideale Basis.

Gestaltungsaspekte

Die Einführung neuer Formen der Arbeitsorganisation ist ein besonders sensibles Element bei der Neustrukturierung eines Unternehmens. Zahlreiche Faktoren entscheiden über die Akzeptanz oder Ablehnung der Veränderung bei den Mitarbeitern und damit über die Erreichung oder Nichterreichung der wirtschaftlichen Ziele. Nur wenn es gelingt, ein Gruppenarbeitskonzept zu entwickeln, das die betrieblichen Ziele und Rahmenbedingungen mit Ansprüchen und Potentialen der Mitarbeiter in Einklang bringt, kann der erhoffte Erfolg realisiert werden.

Dies kann jedoch nur gelingen, wenn bei der Planung von Gruppenarbeit ausreichende Kenntnisse über die hierbei zu gestaltenden Sachverhalte und Ausgestaltungsalternativen vorliegen. Im folgenden werden daher die wesentlichen **Gestaltungsfaktoren** von Gruppenarbeitskonzepten erläutert.

❑ Gruppenzusammensetzung

Arbeitszufriedenheit und Gruppenmotivation hängen in starkem Maß von der **Gruppengröße** ab. Generell läßt sich sagen, daß diese positiven Effekte der Gruppenarbeit mit steigender Gruppengröße abnehmen. Es gibt jedoch auch eine kritische Größe, bei deren Unterschreiten keine Gruppenidentität mehr entstehen kann. Als Faustregel liegt die ideale Größe einer Gruppe zwischen 7 und 12 Mitarbeitern.

Bezüglich der **Gruppenhomogenität**, die durch Ähnlichkeit von Alter, Nationalität, Dauer der Betriebszugehörigkeit, Kooperationsbereitschaft und charakterliche Eignung der Gruppenmitglieder bestimmt wird, können dagegen keine eindeutigen Aussagen getroffen werden. Hier wurden lediglich bei zu großen Altersunterschieden der Gruppenmitglieder negative Auswirkungen festgestellt.

Der Gruppenzusammenhalt und damit die Gruppenmotivation hängen in sehr starkem Maße von den **Möglichkeiten zu sozialen Kontakten** ab. So können in Gruppengesprächen Probleme und Schwierigkeiten diskutiert sowie Rat und Unterstützung eingeholt werden. Hierfür müssen entsprechende zeitliche Freiräume (z.B. 30 oder 60 Minuten je Arbeitswoche) eingeräumt und Räumlichkeiten mit geeigneter Ausstattung angeboten werden.

❑ Aufgabengestaltung in der Gruppenarbeit

Damit die Gruppenmitglieder den Beitrag ihrer Tätigkeit für den Unternehmenserfolg erkennen können (Motivation), ist eine **ganzheitliche Aufgabenstellung** erforderlich. Eine stark ausgeprägte Arbeitsteilung in der Gruppe sowie hierarchische Strukturen von gering- und höherqualifizierten Arbeitsfunktionen müssen daher vermieden mieden werden. Bei anfangs stark unterschiedlichen Qualifikationen der Gruppenmitglieder sind Qualifizierungsmaßnahmen zur schrittweisen Angleichung der fachlichen Fähigkeiten durchzuführen. Der Anspruch, alle Mitglieder auf das höchste Niveau in der Gruppe zu qualifizieren, ist jedoch nicht sinnvoll.

Um eine für die Arbeitszufriedenheit wichtige **Anforderungsvielfalt** herzustellen, sollte die Arbeitsaufgabe einer Gruppe aus unterschiedlichen Teilaufgaben bestehen. Diese Unterschiede können beispielsweise in verschiedenen Nebentätigkeiten (Rüsten, Wartung, Qualitätssicherung, Programmieren, etc.) oder einem variierenden Ausmaß der Taktbindung an den Arbeitsplätzen bestehen. Auf diese Weise ergibt sich bei regelmäßigen Arbeitsplatzwechseln der Gruppenmitglieder eine insgesamt qualifizierte und abwechslungsreiche Arbeit. Die Teilaufgaben sollten so definiert werden, daß die Mitarbeiter zumindest ihre vorhandenen Qualifikationen einsetzen, möglichst aber durch stetige Ergänzung neuer Tätigkeitselemente weiter ausbauen können.

Ein sehr wichtiger Faktor ist die **Gruppenautonomie**. Sie beschreibt den Grad der Selbstorganisation und Selbstverantwortung der Gruppe. Die Autonomie einer Gruppe ist daher umso höher, je unabhängiger sie von Eingriffen der Vorgesetzten oder anderer Stellen im Unternehmen bei ihrer Arbeitsaufgabe operieren kann. Dies betrifft z.B. die Gestaltung und Steuerung von Arbeitsabläufen, das Verwalten und Disponieren von Material und Werkzeugen oder sogar die Vereinbarung von Schicht- und Urlaubsregelungen. Der ideale Autonomiegrad ergibt sich hierbei zwangsläufig aus den Qualifikationen der Mitarbeiter, dem "Reifegrad" der Gruppe sowie übergeordneten technologischen und organisatorischen Restriktionen und kann daher für verschiedene Gruppen große Unterschiede aufweisen. Wichtig ist es in jedem Fall, den Autonomiegrad einer Gruppe nicht einer mehr oder weniger zufälligen Entwicklung zu überlassen, sondern ihn (ggf. gemeinsam mit der Gruppe) bewußt zu planen und festzuschreiben.

Schließlich ist es für den dauerhaften Erfolg einer Gruppe notwendig, die Motivation durch regelmäßiges Aufzeigen der erreichten Fortschritte aufrechtzuerhalten. Hierzu müssen den Gruppen entsprechende **Lern- und Entwicklungsmöglichkeiten** gegeben werden. Dies bedeutet, daß es der Gruppe ermöglicht werden muß, ihre Aufgabenstellung auch selbständig weiterzuentwickeln.

❑ Arbeitszeitregelung

Die Potentiale bzw. Flexibilität einer sich selbst organisierenden Gruppe dürfen nicht durch eine starr definierte Arbeitszeitregelung limitiert werden. Hier müssen Lösungen geschaffen werden, die der Gruppe ausreichende Möglichkeiten für Eigeninitiative einräumen. Gerade in jüngster Zeit wurde eine Vielzahl an Arbeitszeitmodellen entwickelt und in der Praxis erfolgreich eingesetzt. Sie können als Orientierungsrahmen bei der Auswahl einer individuellen Arbeitszeitregelung dienen; die konkrete Ausgestaltung ist jedoch immer von der jeweiligen Zielsetzung und den betrieblichen Rahmenbedingungen abhängig. So gibt es Unternehmen, in denen über einhundert, auf bestimmte Einsatzgebiete zugeschnittene Arbeitszeitregelungen parallel zur Anwendung kommen.

❑ Entlohnungssystem

Die Frage des für Gruppenarbeit optimalen Entlohnungssystems kann an dieser Stelle nicht im einzelnen erörtert werden. Es muß aber festgestellt werden, daß auch bei gesteigerter Arbeitszufriedenheit der Mitarbeiter i.d.R. nicht auf monetäre Leistungsanreize verzichtet werden kann. Die in der Vergangenheit verwendeten Lohnsysteme auf Basis der reinen Mengenleistung (Akkordlohn) sind aufgrund der meist komplexeren Zielsetzungen der Gruppen (z.B. Qualitäts-, Produktivitäts- und Terminziele) jedoch nicht geeignet. Zu bevorzugen sind Prämienlohnsysteme mit gruppenbezogenem und individuellem Prämienanteil, deren Bemessungskriterien (z.B. Fehlerrate, Termineinhaltung) die Ziele der jeweiligen Gruppen wiedergeben. So entsteht sowohl ein Leistungsanreiz für den Einzelnen, als auch ein Anreiz, sich für die Ziele der Gruppe einzusetzen. Die bestimmende Größe der Prämie wird in den meisten Fällen die Produktivität der Gruppe sein.

Einführung von Gruppenarbeit

Voraussetzungen

Prinzipielle Einschränkungen des Anwendungsgebiets von Gruppenarbeit können kaum getroffen werden. Auch bei Arbeitsplätzen, die bereits eine ausreichende Aufgabenvielfalt für den Mitarbeiter bieten (z.B. Einzelarbeitsplatz für Komplettmontage mit integrierter Materialversorgung, Qualitätssicherung und Verpackung), kann mit sozialen Kontakten in der Gruppe, Arbeitsplatzwechseln und gruppenverantwortlicher Arbeitszeitplanung eine Verbesserung der Arbeitssituation erzielt werden. Generell läßt sich sagen, daß die Potentiale der Einführung von Gruppenarbeit umso größer sind, je stärker die arbeitsteiligen Strukturen im bestehenden Arbeitssystem zu Ineffizienz und Demotivation bei den Mitarbeitern geführt haben. Entscheidend für den Erfolg ist jedoch - um es noch einmal zu sagen - die Abstimmung der Ausgestaltung des Gruppenarbeitskonzepts auf die verfolgte Zielsetzung, die Produktionsaufgabe und die Potentiale der Mitarbeiter.

Für das Gelingen der praktischen Umsetzung lassen sich zwei wesentliche Voraussetzungen nennen.

Zum einen muß es zu einem **Wandel des Führungsverhaltens** der Vorgesetzten kommen, wie er in Kapitel 6 beschrieben ist. Werden die Führungskräfte in diesem Punkt ihrer Rolle als Vorbild nicht gerecht, wird es auch bei den Mitarbeitern kaum Bereitschaft für ein Umdenken geben.

Zum anderen ist es unverzichtbar, die späteren Gruppenmitglieder und ihre unmittelbaren Vorgesetzten mit **umfassenden Qualifizierungsmaßnahmen** auf die neuen Aufgaben und Anforderungen vorzubereiten. Qualifizierung darf hierbei nicht als Rand- oder Rahmenbedingung gesehen werden, sondern als Voraussetzung mit zentralem Stellenwert. Der erweiterte Tätigkeitsumfang, die Übernahme der Verantwortung, das Mitgestalten sowie neue Formen der Zusammenarbeit erfordern Mitarbeiter mit fachlicher, methodischer und sozialer Kompetenz. Die mit der Gruppenarbeit verbundenen Ziele können daher nur durch ein am betrieblichen Bedarf und an den Interessen und Fähigkeiten der Mitarbeiter orientiertes und schließlich rechtzeitig durchgeführtes Qualifizierungskonzept erreicht werden.

Dennoch wird es immer Mitarbeiter geben, die der Einführung von Gruppenarbeit negativ gegenüber stehen, weil sie befürchten, den neuen Anforderungen nicht gerecht werden zu können. Der Versuch, diese Mitarbeiter zwangsweise in Gruppen zu integrieren würde den Gruppenbildungsprozeß insgesamt gefährden, da bereits ein "Quertreiber" zu erheblichen Konflikten in der Gruppe führen kann. Als Mitglieder für eine zu bildende Gruppe sollten daher nur Freiwillige ausgewählt werden. Für die nicht zu einer Teilnahme bereiten Mitarbeiter werden sich i.d.R. ausreichend Rest- bzw. Einzelarbeitsplätze finden lassen, für die kein erhebliches Verbesserungspotential durch Gruppenarbeit zu erwarten ist.

Vorgehens- und Qualifizierungskonzept

Es kann in vielen Beispielen aus der Praxis festgestellt werden, daß mit Einführung integrierter Gruppenarbeit die Produktivität und die Wettbewerbsfähigkeit gesteigert werden können. Die Realisierung dieser Wirtschaftlichkeitspotentiale erfordert jedoch eine gezielte Vorbereitung auf diese die gesamte Organisation betreffende Restrukturierung. Ohne die Schaffung der Rahmenbedingungen hinsichtlich des erforderlichen Mitarbeiterpotentials, der Akzeptanz durch die Mitarbeiter und der Installation einer geeigneten organisatorischen Infrastruktur wird es nicht gelingen, die Gruppenarbeit als permanente Arbeitsform erfolgreich zu gestalten [Bühner, Pharao 93].

Drei Elemente sind hierbei von entscheidender Bedeutung:

1. Es müssen konkrete Ziele für die Umstrukturierung definiert werden. Nur so kann sichergestellt werden, daß die einzelnen Aktivitäten in eine gemeinsame Richtung laufen. Für die Einführung von Gruppenarbeit, deren Ausgestaltung in beliebig vielen Varianten denkbar ist, bedeutet die Zieldefinition die Basis für Ermittlung der anforderungsgerechten Gestaltung. Hieraus folgt weiterhin, daß für Bereiche mit unterschiedlichen Anforderungen eigenständige Zielformulierungen und -prioritäten festzulegen sind.

2. Das Gruppenarbeitskonzept muß als integraler Bestandteil eines ganzheitlichen und den gesamten Produktionsbereich umfassenden Umstrukturierungskonzepts begriffen werden. Nur auf diese Weise können Arbeits- und Umfeldorganisation im Hinblick auf ein Gesamtoptimum abgestimmt werden. Hier sind beispielsweise Fragen wie die Koordination und Anordnung der Gruppen (Steuerung, Materialfluß) oder Auflösung indirekter Zentralbereiche (z.B. QS, Instandhaltung) zu klären.

3. Bei der Einführung neuer Organisationskonzepte und insbesondere Veränderungen der Arbeitsorganisation sind Widerstände des Betriebsrates und der Belegschaft, aber auch der Führungskräfte zu erwarten. Diese müssen daher frühzeitig und umfassend informiert werden (Vertrauen schaffen) und in möglichst großem Umfang in die Planungen einbezogen werden (Akzeptanz sichern). (vgl. Kap. 7)

Der konkrete **Ablauf bei der Planung und Einführung von Gruppenarbeit** orientiert sich an dem im folgenden dargestellten Phasenkonzept. Die paxiserprobte Vorgehensweise sollte bei der eigenen Umsetzung als Checkliste zugrundegelegt werden.

Phase 1: Gesamtkonzept für die Umstrukturierung der Produktion entwickeln

- Ermittlung und Bewertung bestehender Schwachstellen
- Definition von Strategien und Zielen für die Reorganisation
- Gruppenarbeit auf Verbesserungspotential hinsichtlich der Projektziele analysieren
- Entscheidung über Einführung von Gruppenarbeit treffen

Phase 2: Gruppenarbeitskonzept entwickeln

- Formulierung der konkreten Zielsetzung bei der Einführung von Gruppenarbeit (abgeleitet aus den Zielen des Gesamtkonzepts für die Umstrukturierung)
- Festlegung von Meßgrößen zur Erfolgsbeurteilung
- Rahmenbedingungen für die Gruppenarbeit
  - Externe Führungsstruktur (disziplinarische Regelungen/Führungsstil)
  - Arbeitszeitregelung
  - Entlohnungs- und Anreizsystem
- Kriterien für die Gestaltung der Gruppenarbeit
  - Interne Führungsstruktur (Gruppensprecher?)
  - Gruppengröße (Min/Max)
  - Gruppenhomogenität (ähnliche oder unterschiedliche Qualifikationen)
  - Gruppenautonomie
  - Technologische Faktoren
- Schulungskonzept
  - Schulungsbedarf/-ziele: Führungskräfte, Meister, Gruppensprecher/-mitglieder
  - Schulungsmethoden (Seminare, Workshops, Training on the job etc.)

Phase 3: Mitarbeiterinformation

Die Mitarbeiter sind offen und umfassend über die anstehenden Veränderungen zu informieren. Wichtige Elemente sind hierbei:

- Gründe für die Einführung von Gruppenarbeit
- Bedeutung für Unternehmensbestands- und Arbeitsplatzsicherung
- Vorteil der neuen Arbeitsorganisation für die Mitarbeiter
- Anstehende Veränderungen, neue Anforderungen für die Mitarbeiter
- Konzeption der Gruppenarbeit
- Spielregeln der Gruppenarbeit, z.B. Gruppenbildung (freiwillig)
- Neue Führungsstruktur (Rolle des Meisters, Gruppensprechers)
- Ablauf der Einführung von Gruppenarbeit

Phase 4: Pilotbereich festlegen

Es ist zunächst ein Bereich für eine pilotartige Realisierung auszuwählen. Entscheidende Kriterien müssen ein hohes Verbesserungspotential und ein geringes Risiko des Scheiterns sein. Ziele der Pilotrealisierung sind

- Akzeptanz schaffen durch Aufzeigen von Erfolgen
- Überprüfung des Gruppenarbeitskonzepts und des Vorgehens bei der Einführung

Nach Auswahl des Pilotbereichs kann eine Optimierung des strukturellen Umfelds im Hinblick auf die Schaffung räumlich, personell und aufgabenbezogen sauber abgegrenzter Gruppen erforderlich sein. Dies sollte jedoch auch nach Installation der Gruppen mit diesen gemeinsam erfolgen.

Phase 5: Einbindung der Mitarbeiter in die Gruppenbildung

Das Planungsteam führt gemeinsam mit den Mitarbeitern des Pilotbereichs eine Detaillierung des Gruppenarbeitskonzepts für die zu installierende Gruppe durch:

- Auswahl der Mitarbeiter für die Pilotgruppe
- Schulung der Mitglieder der Pilotgruppe und der Vorgesetzten
- Detaillierung/Präzisierung der Zielsetzung für die Pilotgruppe
- Arbeitsumfänge der Gruppe (direkte/indirekte Tätigkeiten)
- Arbeitsplatzgestaltung
- Dispositionsspielraum der Gruppe

Phase 5: Einbindung der Mitarbeiter in die Gruppenbildung (Fortsetzung)
• Informationsversorgung • Wahl des Gruppensprechers • Festlegung von Beurteilungskriterien (Gruppe, Individuum)

Phase 6: Realisierung Pilotbereich
• Einweisung in die neuen Aufgaben • Neugestaltung der Arbeitsplätze • Visualisierung (Gruppeninterna, betriebliche Kennzahlen usw.) • Schrittweiser Rückzug von Vorgesetzten und indirekten Bereichen aus dem Aufgabenbereich der Gruppe • Begleitendes Coaching durch den Vorgesetzten • Bei Funktionsfähigkeit Zielfestlegung für Verbesserungsaktivitäten

Phase 7: Wirtschaftlichkeitsbetrachtung/Revision von Konzept und Vorgehen
• Wirtschaftlichkeitsbetrachtung/Erfolgsbeurteilung für den Pilotbereich • Kritische Überprüfung und Weiterentwicklung des Gruppenarbeitskonzepts • Kritische Überprüfung und Weiterentwicklung der Vorgehensweise

Phase 8: Flächendeckende Realisierung von Gruppenarbeit
• Schrittweise weitere geeignete Bereiche umstellen, dabei simultan die sich aus den Zielen der Umstrukturierung und den Anforderungen der Gruppenarbeit ergebenden Veränderungen der Organisation im Produktionsbereich realisieren

Ein wichtiger Erfolgsfaktor bei der Einführung von Gruppenarbeit ist die gleichzeitige Durchführung (ab der Phase 2 des Vorgehenskonzepts) umfassender Qualifizierungsmaßnahmen. Als Basis für die **Entwicklung eines Qualifizierungskonzepts** sind im folgenden die neuen Aufgabenprofile der von der Einführung der Gruppenarbeit Betroffenen sowie Hinweise für die Qualifizierung zusammengestellt. Das Qualifizierungskonzept muß für die Mitarbeiter, den Gruppensprecher und den Meister neben den fachlichen Fähigkeiten die methodischen Kenntnisse und das soziale Verhalten in und mit der Gruppe fördern.

❑ Externe Führung: Der Meister

Die Einführung von Gruppenarbeit erfordert von dem disziplinarischen Vorgesetzten der Gruppen (i.d.R. der Meister oder Vorarbeiter) ein verändertes Führungsverhalten. Funktionen der Vergangenheit wie *Antreiben* oder *Kontrollieren* entfallen, an ihre Stelle treten folgende **neue Aufgaben**:

• Zielorientierte Führung und Koordination der Gruppen
- Ableitung von Gruppenzielen aus den Bereichszielen - kontinuierliches Feedback über Zielerreichung - Zugriff auf gemeinsame Ressourcen (Werkzeuge, Schulungsräume etc.) - Personaleinsatz (wenn nicht gruppenintern lösbar) - Führung und Motivation der Mitarbeiter - Kapazitätsplanung/Auftragssteuerung - Materialdisposition
• Stabilisierung der Rahmenbedingungen für die Gruppenarbeit
- Frühzeitige Information und Vorbereitung bei Änderungen im Umfeld
• Kontinuierliche Weiterentwicklung des Arbeitssystems
- Verbesserung von Arbeitsmitteln und -bedingungen - Mitarbeiterqualifizierung, Teamentwicklung
• Mitarbeit bei Innovationen von Produkt, Technik und Arbeitsorganisation
- Mitarbeit in bereichsübergreifenden Projektgruppen

Die Rolle des Meisters erfährt somit eine inhaltliche Aufwertung. Um die neuen Funktionen wahrnehmen zu können, sind frühzeitig Qualifizierungsmaßnahmen einzuleiten. Hierbei ist neben der fachlichen Qualifizierung insbesondere die Fähigkeit zur kooperativen Führung sowie der Systembewertung und -weiterentwicklung auszubilden. Wichtige Elemente sind der Abbau von Angst vor den anstehenden Veränderungen und die Schaffung von Akzeptanz für die neue Funktion. Hierfür ist die Einbindung des Meisters bei der Entwicklung und Einführung des Gruppenarbeitskonzepts notwendig.

Im Rahmen der **Qualifizierung des Meisters** sind folgende Fragen zu klären:

- *Was sind die Ziele des Gruppenarbeitskonzepts?*
- *Inwieweit ändert sich die Meisterrolle, welche Aufgaben gibt der Meister an die Gruppe ab?*

- *Welche neuen Anforderungen ergeben sich aus dem veränderten Rollenverständnis des Meisters?*
- *Wie sieht das Aufgabenspektrum einer Gruppe aus?*
- *Wie wird eine Gruppe zum Team?*
- *Welche Formen des Führungsverhaltens unterstützen die Arbeitsgruppen, welche behindern sie?*
- *Wie können Verantwortlichkeiten vom Meister auf die Gruppe übertragen werden?*
- *Wie lassen sich realistische Ziele vereinbaren?*
- *Welche Handlungs- und Entscheidungsspielräume können auf die Gruppen übertragen werden?*
- *Wie wird die Zielerreichung kontrolliert?*

❑ Interne Führung: Der Gruppensprecher

Die Mitarbeiter einer Arbeitsgruppe bewältigen ihre Arbeitsaufgabe und organisieren ihren Verantwortungsbereich weitgehend selbständig. Für die Vertretung der Gruppe nach außen kann unter Effizienzaspekten die Einrichtung der Funktion eines Gruppensprechers sinnvoll sein. (Da die Gruppe nicht durch alle Mitglieder simultan vertreten werden kann, entsteht diese Funktion ansonsten auf informeller Basis. Hier kann es jedoch zu häufig wechselnden Gruppensprechern und zu Konflikten über Aufgaben und Kompetenz dieses Sprechers kommen.)

Bei der formellen Einrichtung der Position des Gruppensprechers ist eine Einwirkung der Vorgesetzten bei der Auswahl nach Möglichkeit zu vermeiden, da hierunter seine Akzeptanz in der Gruppe leidet. Hier ist ein demokratisches Wahlverfahren durch die Gruppenmitglieder vorzuziehen, wobei der Sprecher für eine bestimmte Zeit festgelegt wird (z.B. 6 Monate). Aber auch eine Wahl auf unbestimmte Zeit kann sinnvoll sein, wenn man die Neuwahl an einer Veränderung der Gruppe festmacht.

Der Gruppensprecher ist vorrangig für die gemeinsame Realisierung der Planung und Steuerung der Gruppe verantwortlich. Potentielle **Aufgaben** sind:

• Interne und externe Koordination der Gruppe
- Ansprechpartner für den Meister und andere Bereiche (QS, Inst. etc.) - Artikulation der Gruppeninteressen - Weiterleitung von Informationen an die Gruppe - Information des Meisters über Arbeitsergebnisse, Zielerreichung und Probleme - Interne Organisation der Arbeit und der Gruppenweiterentwicklung

- Ausführung administrativer Tätigkeiten
  - Dokumentation und Auswertung von Informationen (z.B. Anwesenheitslisten)
  - Fertigungsfeinplanung (Reihenfolgeplanung der Aufträge)
  - Material- und Werkzeugdisposition (eingeschränkt)
- Moderation von Gruppenbesprechungen
  - Moderation, Vor- und Nachbereitung von Gruppensitzungen
  - Bereitstellung von Problemlösungskompetenz
  - Sicherstellen einer konstruktiven Diskussion
- Bearbeitung von Konflikten in der Gruppe
  - im Rahmen von Gruppensitzungen oder Gespräch mit den Beteiligten
- Ausführung direkter und indirekter Tätigkeiten
  - Gruppensprecher ist *Gleicher unter Gleichen*
  - produktive Mitarbeit in der Gruppe, zumindest als *Springer* oder Vertretung

❑ Die Gruppenmitglieder

Auch die Gruppenmitglieder werden mit deutlich höheren Anforderungen konfrontiert und müssen auf diese vorbereitet werden. Ein **Qualifizierungsprogramm** hat daher folgende Aspekte zu berücksichtigen:

- Umfeldbezogene Qualifizierung (Informationsveranstaltung)
  - Vermittlung von Corporate Identity
  - Ziele der Einführung von Gruppenarbeit
- Fachliche Qualifizierung (Lerninsel, Training on the job, Seminare)
  - Fertigungsaufgaben und -verfahren der Gruppe (alle oder zumindest mehrere)
  - Qualitätssicherung und Instandhaltung
- Methodische Qualifizierung (Qualitätszirkel, Seminare, Fallstudien)
  - QS-Techniken
  - Methodik des Verbesserungsprozesses
  - Problemlösungstechniken
  - Visualisierungtechniken

• Soziale Qualifizierung (Workshops, Rollenspiele, Erfahrungsaustausch)
- Kommunikation - Methoden der Konfliktlösung - Bedeutung der Kooperation und gegenseitiger Unterstützung ➪ Ziel *und* Methode/Element der Schulung bilden hierbei eine Einheit (während des Erlernens von Gruppenverhalten findet Gruppenfestigung statt)

Literatur

Alioth, A. und Ulich, E. Gruppenarbeit und Mitbestimmung am Arbeitsplatz, Arbeit und Beruf, Bd. 2, Beltz Verlag 1984

Bühner, R. und Pharao, I. Erfolgsfaktoren integrierter Gruppenarbeit in: VDI-Z 135 (1993), Nr. 1/2 S. 46-57

Refa (Hrsg.) Methodenlehre der Betriebsorganisation. Planung und Gestaltung komplexer Produktionssysteme, München 1987

10 Fertigungsinsel

Definition und Zielsetzungen

"Die Fertigungsinsel hat die Aufgabe, aus gegebenem Ausgangsmaterial Produktteile oder Endprodukte möglichst vollständig zu fertigen. Die notwendigen Betriebsmittel sind räumlich und organisatorisch in der Fertigungsinsel zusammengefaßt.

Das Tätigkeitsfeld der dort beschäftigten Gruppe trägt folgende Kennzeichen:

- die weitgehende Selbststeuerung der Arbeits- und Kooperationsprozesse, verbunden mit Planungs-, Entscheidungs- und Kontrollfunktionen innerhalb vorgegebener Rahmenbedingungen und
- den Verzicht auf eine zu starre Arbeitsteilung und demzufolge eine Erweiterung des Dispositionsspielraums für den Einzelnen [AWF 84]."

Die Entwicklung des Fertigungsinselkonzepts erfolgte aus der Erkenntnis, daß eine konventionelle Fertigung nach dem Werkstattprinzip aufgrund der hohen Zahl an Schnittstellen im Fertigungsablauf unweigerlich zu sehr langen Durchlaufzeiten und damit zu hohen Beständen in der Fertigung führt. Gleichzeitig entsteht durch die hochgradige Arbeitsteilung der Mitarbeiter (z.B. Arbeitsplaner, Steuerer, Dreher) eine "Spezialistenorganisation" mit hohem Planungsaufwand und geringer Flexibilität.

Beim Fertigungsinselkonzept wird daher angestrebt, Organisationseinheiten (Fertigungsinseln) zu bilden, die bestimmte Teile oder Gruppen von Teilen (Teilefamilien) komplett und eigenverantwortlich herstellen können. Dies bedeutet, daß alle Verfahren und Betriebsmittel, aber auch alle Mitarbeiterqualifikationen, die für die Herstellung einer Teilefamilie benötigt werden, in der Insel vorhanden sein müssen. Eine derart autonome Fertigungseinheit ist geradezu idealtypisch für Gruppenarbeit geeignet, zumal diese Form der Arbeitsorganisation aus einem ähnlichen Ansatz heraus entstanden ist (Kap. 9). Im Idealfall kann dann in der Insel eine Fertigung nach dem Fließprinzip ohne Puffer zwischen den Inselmaschinen und ohne zwischenzeitliche Eingriffe indirekter Stellen realisiert werden, was die Durchlaufzeiten und die Bestände auf ein Minimum reduziert.

Die beiden grundlegenden Aspekte der Bildung von Fertigungsinseln sind somit

- die Ausrichtung der Arbeitsplätze am Materialfluß (Objekt-Orientierung) und
- eine Erweiterung des Arbeitsinhalts der Mitarbeiter durch Übertragung indirekter Funktionen (z.B. Transport, Qualitätssicherung, Instandhaltung, Disposition).

Zielsetzungen bei der Bildung von Fertigungsinseln

Es ist bereits deutlich geworden, daß mit der Bildung von Fertigungsinseln vorrangig Kosten- und Flexibilitätsziele verfolgt werden. Daneben spielen häufig Qualitäts- aber auch Humanisierungsziele eine wichtige Rolle. Abbildung 10.1 gibt einen Überblick über die häufigsten Zielsetzungen:

Abb. 10.1: Ziele der Fertigungsinselbildung [AWF 87]

Im Einzelfall hängt die konkrete Zielformulierung bei der Einführung von Fertigungsinseln vorrangig davon ab, welche Eigenschaften der bestehenden Struktur im Unternehmen die größten Probleme bzw. Wettbewerbsnachteile verursachen.

Gestaltungsaspekte

Das Fertigungsinselkonzept stellt keine allgemein anwendbare Patentlösung dar. Vielmehr muß sich die konkrete Ausgestaltung des Fertigungsinselgedankens an den unternehmensspezifischen Rahmenbedingungen und Zielsetzungen orientieren. Hierbei ist es wichtig, das Fertigungsinselkonzept nicht als Summe einzelner, unabhängiger Komponenten, sondern als ganzheitliches, "integriertes Organisationskonzept" zu betrachten.

Wesentliches Merkmal integrierter Organisationskonzepte ist die Zusammenfassung planender, ausführender und kontrollierender Tätigkeiten zu ganzheitlichen Arbeitsaufgaben. "Damit verbunden ist ein Prozeß der gezielten Veränderung von Arbeitsinhalten und Beziehungsstrukturen, bei dem gleichzeitig und gleichrangig technische, soziale und wirtschaftliche Gesichtspunkte zu berücksichtigen sind" [Müller 92].

Hiermit wird deutlich, daß die Komponenten des Fertigungsinselkonzepts nur bei gemeinsamer, aufeinander abgestimmter Anwendung die erhofften Erfolge erbringen können und sich bereichsübergreifende Auswirkungen ergeben.

Zur Konkretisierung des Fertigungsinselkonzepts werden im folgenden die wesentlichen Komponenten (Basiskonzept) näher erläutert [AWF 90a].

❑ Bildung von Teilefamilien

Um das Ziel der Komplettbearbeitung von Erzeugnissen bzw. Teilen zu realisieren, ist es notwendig, das betriebliche Teilespektrum in Gruppen von Teilen mit ähnlichen Fertigungsanforderungen zu unterteilen. Für jede der so gebildeten "Teilefamilien" werden Fertigungsinseln zu deren (Komplett-) Bearbeitung eingerichtet. Die Teilefamilien werden daher weitestgehend unter dem Gesichtspunkt der Ähnlichkeit von Fertigungsverfahren und -abläufen gebildet, während Ähnlichkeiten hinsichtlich Teileverwendung (Produktgruppe), Funktion oder sogar Geometrie von untergeordneter Bedeutung sind.

Es ist hierbei wichtig, genügend große, einheitliche Teilefamilien zu bilden, um die gleichmäßige Auslastung der Betriebsmittel in der Fertigungsinsel sicherzustellen. Zu erwartende Änderungen an den Werkstückmerkmalen sind bei der Ausstattung der Fertigungsinsel zu berücksichtigen.

Die Bildung derartiger Teilegruppen ist - insbesondere bei einer großen Gesamtzahl unterschiedlicher Teile - meist problematisch. Hierzu wurden zwar unterstützende Verfahren, wie z.B. Teileklassifizierungssysteme oder die Cluster-Analyse entwickelt, diese sind jedoch in der Praxis sehr aufwendig und erfordern eine meist nicht vorhandene Aktualität der Daten. Viele Unternehmen gehen daher einen pragmatischeren Weg und definieren ihre Teilefamilien auf Workshops mit Beteiligung der Fachleute aus der Produktion ("Konferenztischmethode"). Hierbei wird man immer "Störteile" finden, die sich nicht in ein Insel-Szenario integrieren lassen. Diese Teile sollten konsequent an Zulieferer vergeben werden. Entscheidend ist, daß ein Inselkonzept gefunden wird, mit dem die "Schlüsselteile" des Unternehmens effizient gefertigt werden können.

❑ Betriebsmittel

Die Ausstattung der Fertigungsinseln mit Betriebsmitteln orientiert sich an den zu fertigenden Teilefamilien. In der Insel werden alle Maschinen und Fertigungshilfsmittel, die für die Fertigungsaufgabe (möglichst vollständige Fertigung der Teilefamilie) benötigt werden, zusammengefaßt und materialflußorientiert angeordnet. Durch die ablauforientierte Anordnung der Maschinen kommt es zu einem vereinfachten und übersichtlichen Materialfluß, der im Vergleich zur Werkstattfertigung erheblich weniger Puffer aufweist. Anzustreben ist eine Fertigung nach dem "One-Piece-Flow-Prinzip" (die einzelnen Teile werden nach Beendigung eines Arbeitsgangs sofort in die nächste Bearbeitungsstation übergeben), also die Abkehr von der losweisen Fertigung zugunsten einer "Fließfertigung" innerhalb der Insel.

Eine hohe Auslastung läßt sich bei dieser Philosophie allerdings nur für die taktbestimmende Engpaßmaschine der Insel erreichen. Die ablaufbedingt geringere Auslastung der anderen Betriebsmittel kann insbesondere dann leichter akzeptiert werden, wenn hierfür weniger kapitalintensive Betriebsmittel zum Einsatz kommen.

❑ Arbeitsorganisation

Die Nutzung der Potentiale des Fertigungsinselkonzepts kann nur gelingen, wenn gleichzeitig eine Umstellung der Arbeitsorganisation erfolgt. Neben den in Kapitel 9 dargestellten allgemeinen Vorteilen kommt der Gruppenarbeit hier eine zentrale Rolle für das Gelingen der Inselbildung insgesamt zu. Durch die Ausstattung der "Inselgruppe" mit den notwendigen Funktionen und Entscheidungskompetenzen werden die Inselmitarbeiter in die Lage versetzt, auftretende Störungen oder Probleme möglichst weitgehend eigenverantwortlich zu lösen. Dadurch werden Zeit- und Reibungsverluste vermieden, wie sie bei der Störungsbeseitigung in einer horizontal und vertikal stark zergliederten Organisation auftreten. Diese "Problemlösungskompetenz" direkt am Wertschöpfungsprozeß, also in der Insel, ist ein wichtiger Faktor für die Flexibilität einer Fertigungsinsel, die eine schnelle und unbürokratische Anpassung bei möglichen Störungen/Veränderungen ermöglicht [AWF 90a] (Tab. 10.1).

Tabelle 10.1: Flexibilitätswirkung der Gruppenarbeit [AWF 90a]

Problem	Vorteil der Fertigungsinsel
Personalausfall	Mitarbeiter beherrschen mehrere/alle Aufgaben in der Insel; gruppenbezogene Entlohnung fördert die Bereitschaft, Fehlzeiten innerhalb der Gruppe z.B. durch höheren Einsatz bzw. Überstunden auszugleichen
Betriebsmittelausfall	Qualifikation erlaubt Reparatur kleinerer Störungen durch Inselmitarbeiter
Werkstückänderung	Detailänderungen können aufgrund des besseren Prozeß-Know-hows der Inselmitarbeiter nach Handskizze gefertigt werden
Terminänderungen/ Eilaufträgen	hohe Reaktionsgeschwindigkeit durch kurze Durch- und Vorlaufzeiten sowie dezentrale Auftragssteuerung

❑ Integration indirekter Tätigkeiten

Nicht nur für eine Aufgabenanreicherung der Mitarbeiter im Sinne des Gruppenarbeitskonzepts, sondern insbesondere zur Vermeidung organisatorischer Schnittstellen im Fertigungsablauf sind die für die operative Auftragsabwicklung notwendigen indirekten Aufgaben in die Fertigungsinsel zu integrieren. Hierbei können die in Tabelle 10.2 genannten indirekten Tätigkeiten (je nach Aufgabe und Autonomiegrad der Insel) aus den Gemeinkostenbereichen in die Fertigungsinsel übertragen werden.

Tabelle 10.2: Möglichkeiten zur Integration indirekter Aufgaben [AWF 84, Ruffing]

Aufgabenbereich	**Aufgaben in der Fertigungsinsel**
Arbeitsplanung	NC-Programmierung, Erstellung der Arbeitsunterlagen, Arbeitsorganisation, Fertigungsmittelplanung, Zeitwirtschaft
Fertigungssteuerung	Feinterminierung/Reihenfolgeplanung, Terminverfolgung
Fertigungshilfsmittelwesen	Lagerung von Fertigungshilfsmitteln (FHM), Bereitstellung und Einstellung von FHM, Disposition der FHM, Instandsetzung der FHM
Qualitätssicherung	Prüfplanung, Prüfausführung (Selbstprüfung), Prüfdokumentation, Qualitätsregelung (z.B. bei SPC-Einsatz)
Instandhaltung	Wartung, Inspektion
Materialwesen	Materialausgabe, Materialdisposition
Transportwesen	Planung und Durchführung des inselinternen Materialtransports

Der Umfang der Integration der genannten indirekten Funktionen in die Fertigungsinsel ist in besonderem Maße von den betrieblichen Rahmenbedingungen abhängig.

❑ Dezentrale Auftragssteuerung

In den Fertigungsinseln wird eine weitgehende Selbststeuerung, also die Planung und Durchsetzung der Fertigungsaufträge auf Inselebene, angestrebt. Damit wird der Anteil an zentralen Planungs- und Steuerungsaktivitäten erheblich vermindert, da für die Inseln nur noch Input und Output terminiert werden müssen.

Die zentrale "Rumpfsteuerung" sorgt hierbei jedoch nur für die Vorgabe von Eckterminen für die Eingangs- und Ausgangsgrößen der verschiedenen Inseln im Unternehmen und deren Koordination, während die Feinterminierung für die einzelnen Fertigungsaufträge bzw. Bearbeitungsstationen inselintern vorgenommen wird. Derartige Steuerungskonzepte werden in Kapitel 13 ausführlicher behandelt.

❑ Entlohnung in Fertigungsinseln

Ein bestimmtes für Fertigungsinseln am besten geeignetes Entlohnungsmodell kann nicht allgemein definiert werden. Bei der Auswahl sind vielmehr unternehmensspezifische Einflußgrößen, wie z.B. die verfolgten Ziele der Reorganisationsmaßnahmen und die bislang im Unternehmen verwendeten Entlohnungsformen, zu berücksichtigen. Hierbei ist zu beachten, daß keine Lohninseln entstehen, sondern Lohnmodelle gewählt werden, die miteinander harmonieren und auch zukünftig Bestand haben [AWF 90a].

Das Entlohnungsmodell muß die veränderten Anforderungen an die Inselmitarbeiter hinsichtlich höherer Einsatzbereitschaft und Qualifikation, wie Übernahme von Verantwortung, Selbständigkeit, Kreativität, Mehrmaschinenbedienung (verfahrensübergreifend), Kommunikations- und Teamfähigkeit, Sozialkompetenz usw., berücksichtigen und die entsprechenden Fähigkeiten der Mitarbeiter fördern. Die Erfahrungen bei der Einführung von Fertigungsinseln zeigen, daß z.B. folgende Entlohnungsmodelle für Fertigungsinseln gut geeignet sind:

Tabelle 10.3: Entlohnungssysteme für Fertigungsinseln

Entlohnungsform	**Beschreibung**
Gruppenakkord	Pensum-ähnliche Anwendung nur schwache individuelle Leistungsanreize, aber Förderung der Gruppenintegration
Kombinierte Prämie	Bezugsmerkmale: *Quantitätsleistung* (Gewichtung 66%), *Qualitätsleistun* g (20%) und *sachliche Verhaltensleistung:* Zusammenarbeit, Einsatz und Interesse, Vielseitigkeit und Mobilität sowie Sauberkeit und Ordnung (14%) Prämiengrundlohn + Prämie (u.a. abhängig von der Marktsituation)
Entlohnung nach Arbeitssystemen	Orientierung an den durch Arbeitsbewertung ermittelten Anforderungen eines spezifischen Arbeitsplatzes Arbeitsplätze mit ähnlichen Anforderungen werden zu einem Arbeitssystem zusammengefaßt (z.B. Fertigungsinsel), jeder Mitarbeiter eines Arbeitssystems kann auf allen enthaltenen Arbeitsplätzen eingesetzt werden keine motivierende Wirkung innerhalb des Arbeitssystems

Obwohl die in der Praxis sehr unterschiedlichen Strukturen von Fertigungsinseln individuelle Entlohnungsmodelle erfordern, müssen diese den Schwerpunkt grundsätzlich eher auf die Gruppenleistung als (wie bisher) auf die Einzelleistung legen, jedoch noch genügend Anreize für persönliche Leistung bieten, um die mit der Einführung von Fertigungsinseln verfolgten Ziele zu erreichen und meßbar zu machen [AWF 90a].

Einführung von Fertigungsinseln

Kriterien für die Eignung von Fertigungsinseln

Die Vorteile des Fertigungsinselkonzepts hinsichtlich der angestrebten Ziele können nur unter bestimmten Bedingungen realisiert werden. Die Kriterien zur Beurteilung der Eignung von Fertigungsinseln zur Lösung einer speziellen Fertigungsaufgabe in einem speziellen betrieblichen Umfeld sind hierbei [AWF 84]:

Kriterien des Betriebs
- Eignung der Maschinen und Anlagen für Inselstrukturen
- Motivationsfähigkeit u. Qualifikation/Qualifizierungsmöglichkeit der Mitarbeiter
- Eignung bzw. Veränderbarkeit der Aufbauorganisation
- Eignung der räumlichen Bedingungen
- Möglichkeit zur Integration indirekter Tätigkeiten in eine Fertigungsinsel
- Kompatibilität der Entlohnungssysteme

Kriterien der Fertigungsaufgabe
- Anzahl der Bearbeitungsvorgänge je Teil (Übergangszeiten)
- Konstanz der Auftragsstruktur
- Häufigkeit von Änderungen am Produkt
- Häufigkeit terminkritischer Fertigungsaufträge
- Möglichkeit der Bearbeitung mit Universalmaschinen
- Möglichkeit zur Bearbeitung nach dem Objektprinzip in einer Arbeitsgruppe
- Möglichkeit der methodenübergreifenden Aufgabenübernahme durch die MA

Entscheidend ist in jedem Fall die Möglichkeit der *Bildung von Teilefamilien*, mit denen die entsprechenden Fertigungsinseln ausgelastet werden können. Hierbei ist außerdem zu beachten, daß eine ausreichend gleichmäßige Mengenstruktur und Beschäftigung notwendig ist, um häufiges Umbilden der Fertigungsinseln zu vermeiden.

In bezug auf den Standardisierungsgrad der Erzeugnisse und die Fertigungsart zeigt sich in der Praxis, daß die Fertigungsinsel besonders geeignet ist für

- ❑ typisierte Erzeugnisse mit kundenspezifischen Varianten und
- ❑ Kleinserienfertigung;

hingegen weniger geeignet für

- ❑ Standarderzeugnisse ohne Varianten und
- ❑ Massenfertigung.

Abbildung 10.2 gibt eine Übersicht über die Einsatzgebiete von Fertigungsinseln. Eine Einordnung innerhalb alternativer Fertigungssysteme wird anhand der Dimensionen Anzahl der Varianten, Seriengröße je Variante (die in dieser Abbildung gleichgesetzt wird mit der erforderlichen Flexibilität) sowie der Produktivität vorgenommen. Es zeigt sich, daß das Konzept der Fertigungsinsel immer dann eine empfehlenswerte Alternative sein kann, wenn eine Kombination aus den Flexbilitätsvorteilen der Werkstattfertigung (Handbediente oder NC-gesteuerte Einzelmaschinen) und den Produktivitätsvorteilen der Massenfertigung (Transferstraße oder Fließfertigung) gesucht wird.

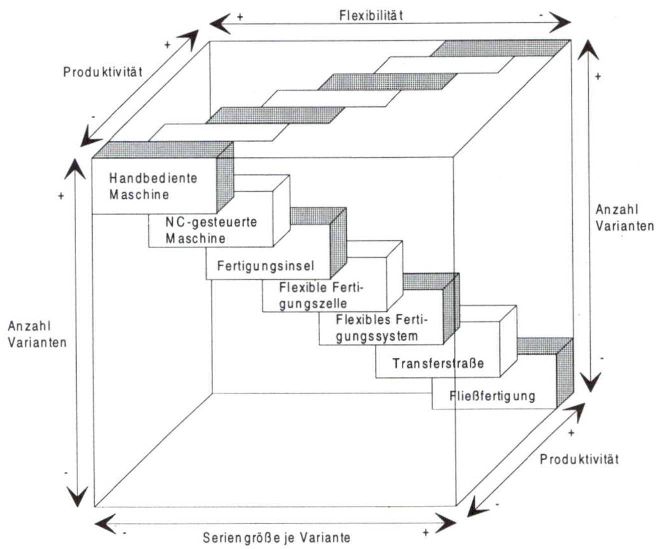

Abbildung 10.2: Einsatzgebiete von Fertigungsinseln (nach Ruffing)

Hinweise zum Vorgehen

Die wesentlichen Elemente bei der Planung und Einführung von Fertigungsinseln sind bei der Erläuterung der Gestaltungsaspekte bereits in Ansätzen zu erkennen gewesen. Die Neugestaltung betrifft u.a. die Aufbau- und Ablauforganisation in der Fertigung und den indirekten Bereichen, die Arbeitsorganisation sowie das Entlohnungssystem. Es ist zu erkennen, daß das Vorgehen prinzipiell mit dem bei der Gruppenarbeit vorgestellten Konzept (Kap. 9) identisch sein muß, da diese Aspekte auch hier Bestandteil der Planung sind.

Der wesentliche Unterschied liegt lediglich darin, daß bei der Einführung von Fertigungsinseln die Gestaltung des Materialflusses eine bedeutende Rolle spielt. Hier muß daher zusätzlich eine **Strukturierung des Teilespektrums** (Bildung von Teilefamilien) und die **Zuordnung von Ressourcen** (Personal, Betriebsmittel) erfolgen. Von entscheidender Bedeutung für den Projekterfolg ist es, diese Planung an den Anfang des Projekts zu stellen und eine Inselstruktur für das gesamte Teilespektrum zu entwickeln. Ansonsten besteht "die Gefahr bei diesem Planungsschritt darin, daß nicht das gesamte Teilespektrum analysiert wird, sondern die für Fertigungsinseln scheinbar am besten geeigneten Teile (**Rosinenlösung**) herausgesucht werden. Auf diese Weise können Pilot-/Demonstrationsinseln geplant werden, aber eine Fertigungsstrukturierung wird nicht erreicht [AWF 90b]!".

Das zu entwickelnde Grobkonzept sollte dabei folgende Planungsergebnisse zur **Fertigungsstruktur** beinhalten [AWF 90b]:

- ❑ Teilefamilien ähnlicher Teile oder Arbeitsvorgangsfamilien für die Strukturierung der Fertigung in Fertigungsinseln (ggf. mit einer verbleibenden Werkstattfertigung für Restteile oder eine Ersatzteilfertigung)
- ❑ Zuordnung, Art und Anzahl der erforderlichen Verfahren und Betriebsmittel
- ❑ Materialfluß innerhalb der Fertigungsinseln (grob)
- ❑ Komplettierungsgrad der Teile in der Fertigungsinsel und Schnittstellen mit anderen Fertigungsinseln bzw. zentrale Fertigungsverfahren (z.B. Härten, Waschen)
- ❑ Häufigkeit von Fertigungsinsel-Übergängen und damit die Festlegung der Anforderungen an die Fertigungsplanung und -steuerung
- ❑ Investitionsbedarf zur Zusammenfassung von Arbeitsgängen (z.B. mit Bearbeitungszentren) und Automatisierungsmöglichkeiten
- ❑ Engpässe in der Maschinenauslastung sowie bei Bearbeitungs- und Rüstzeiten
- ❑ Bestand (ggf. Bedarf) an Werkzeugen und Fertigungshilfsmitteln in den Inseln
- ❑ Groblayout für die Gesamtfertigung (Fertigungsinseln, Lager usw.)

Ein weiterer wichtiger Bestandteil bei der Entwicklung des Grobkonzepts ist die Analyse der für die Fertigung relevanten indirekten Aufgaben sowie der zugehörigen Informationsflüsse (**Funktions- und Informationsstrukturanalyse**). Hierbei werden die einzelnen Funktionen der für eine Integration in die Fertigungsinsel in Frage kommenden Aufgabenfelder sowie die jeweiligen Ein- und Ausgangsinformationen erfaßt und geeignet dargestellt (z.B. Funktionsketten, Entity-Relationship-Modelle). Auf dieser Basis können folgende Fragestellungen beantwortet werden:

- Welche Funktionen können in die Fertigungsinsel integriert werden, und wo ist eine Trennungslinie zwischen zentralen und dezentralen Tätigkeiten zu legen?
- Wo ist Optimierungspotential für eine Straffung und Vereinfachung der Arbeitsabläufe, die Verbesserung des zeitlichen Ablaufs oder die Vermeidung von Schnittstellen vorhanden?
- Wie ist eine optimale Abstimmung zwischen Arbeits-, Material- und Informationsfluß zu erreichen?
- Wie können Lücken zwischen Funktions- und Informationsintegration vermieden werden?

Eine detaillierte **Wirtschaftlichkeitsbetrachtung** ist auf der Basis des bisher entwickelten Grobkonzepts nicht möglich, da es sich um strategische Investitionen handelt, deren Auswirkungen bis weit in die Zukunft reichen. Im Gegensatz zu operativen Investitionen, wie z.B. dem Kauf einer NC-Maschine mit gerechneten Amortisationszeiten, sind strategische Investitionen mit vielen Unsicherheiten verbunden, die nicht mit den klassischen Verfahren der Investitionsrechnung beurteilt werden können. An die Stelle der Quantifizierung von Kosten und Erträgen tritt die Mittel-Zweck-Vermutung, d.h. eine erhöhte Lieferfähigkeit oder die Herstellung kundenspezifischer Varianten in standardproduktähnlichen Lieferzeiten wird sich direkt auf den Umsatz oder indirekt über das verbesserte Image auf den Umsatz und damit letztlich auf die Ertragssituation auswirken [Arning 87].

Aktiva	**Passiva**
Innenwirkung ❑ Gruppentechnologieeinsatz in Konstruktion, Beschaffung und Fertigung ❑ Standardisierung, Systematisierung der Produktionsprogramme ❑ Flexibilitätssteigerung, rasche Reaktion auf Änderungen (Art, Menge, Termin) und Produkteinführungen ❑ Materialflußverbesserung ❑ Kostentransparenz, verbesserte Kostenzuordnung ❑ Informationsflußverbesserung ❑ Transparenz in der Fertigung, verbesserte Steuerung ❑ Technologieanschluß halten bzw. Technologieeinführungsvorbereitung ❑ Know-how-Gewinn ❑ Grundlage für Automatisierung ❑ Grundlage für EDV-Integration ❑ Arbeitszufriedenheit ❑ Mitarbeitermotivation	Innenwirkung ❑ Akzeptanz der Betroffenen/Betriebsrat ❑ Anlaufschwierigkeiten ❑ Einführungsrisiko ❑ Kapazitätsrisiko ❑ Qualifizierte Mitarbeiter ❑ Organisationsänderung Argumentengewinn (Vorteile durch FI-Einführung)
Außenwirkung ❑ Qualitätssteigerung ❑ Flexibilität (Marktanpassung) ❑ Imageeffekt	Außenwirkung ❑ Kopplung PPS-Software/Leitstände ❑ Vernetzung der Leitstände ❑ Zuverlässige Fertigungs- und Automatisierungstechnik

Abb. 10.3: Argumentenbilanz [AWF 90b]

Ein Ansatz zur qualitativen Darstellung des strategischen Nutzens ist die Argumentenbilanz, die die erwarteten Vorteile der Fertigungsinsel-Einführung mit den möglichen Nachteilen aufrechnet. Überwiegen die positiven Argumente - wobei auf eine qualitative Ausgewogenheit zu achten ist, entsteht ein Argumentengewinn (Abb. 10.3).

Zur Bewertung unterschiedlicher Lösungsalternativen ist auch hier, wie bei der Fertigungssegmentierung der Vergleich mit Hilfe der Nutzwertanalyse, die eine Abschätzung der Einsparungen und Realisierungskosten beinhalten sollte, empfehlenswert (Kap. 8). Dabei können dieselben Einsparungs- und Kostenarten wie bei der Segmentierung zugrunde gelegt werden.

Erst wenn diese Grobplanung, die das Entwickeln, Vergleichen und z.T. auch Verwerfen unterschiedlicher Fertigungsinsel-Szenarien beinhaltet, zu einem tragfähigen (überprüften) Konzept geführt hat, sollte mit der **Feinplanung** und pilotartigen Realisierung bzw. Erprobung von Fertigungsinseln begonnen werden.

Hierbei sollte immer versucht werden, die für die Arbeit in der Insel vorgesehenen Mitarbeiter möglichst frühzeitig an der Planung zu beteiligen. Es wird nicht nur eine Fehlplanung vermieden, sondern auch die Akzeptanz der Betroffenen gesichert. Mit dieser pragmatischen Vorgehensweise werden auch Planungsaufwand und -zeit erheblich reduziert, da der Einsatz des praktischen Erfahrungswissens der Mitarbeiter häufig sinnvoller ist als der Versuch einer Optimierung "am grünen Tisch" mit Hilfe der EDV (Simulation etc.).

Das hier skizzierte Vorgehen führt zwar zu einer relativ langen Phase der Vorplanung, in der noch keine Projekterfolge sichtbar werden, es erhöht jedoch in erheblichem Maße die Chance, ein erfolgreiches Konzept für die **gesamte Fertigung** zu finden, das zu der gewünschten und häufig erforderlichen Verbesserung der Wettbewerbsfähigkeit der Produktion beiträgt.

Literatur

Arning, A. Die wirtschaftliche Bewertung der Zentrenfertigung. Wiesbaden 1987

Ausschuß für wirtschaftliche Fertigung (AWF 84) Flexible Fertigungsorganisation am Beispiel von Fertigungsinseln, Eschborn 1984

Ausschuß für wirtschaftliche Fertigung (AWF 85) Integrierter EDV-Einsatz in der Produktion. Begriffe, Definitionen, Funktionszuordnungen, Eschborn 1985

Ausschuß für wirtschaftliche Fertigung (AWF 87) Fertigungsinseln - Fertigungsstruktur mit Zukunft, Eschborn 1987

Ausschuß für wirtschaftliche Fertigung (AWF 90a) Integrierte Fertigung von Teilefamilien, Band 1: Das Konzept der Fertigungsinseln und seine Gestaltungskomponenten, Köln 1990

Ausschuß für wirtschaftliche Fertigung (AWF 90b) Integrierte Fertigung von Teilefamilien, Band 2: Werkzeuge und Methoden zur Planung und Einführung von Fertigungsinseln, Köln 1990

Engroff, B. Produktinseln - Alternative zur Lean-Production? in: wt 7/8 1992, S. 22-24

Müller, R. u.a. Fertigungsinseln - Strukturierung der Produktion in dezentrale Verantwortungsbereiche, Ehningen 1992

Ruffing, T. Fertigungssteuerung bei Fertigungsinseln - Eine funktionale und datentechnische Informationsarchitektur, Köln 1991

11 Der kontinuierliche Verbesserungsprozeß

Definition und Zielsetzung

Angeregt durch die Erfolge, die japanische Unternehmen im Durchschnitt mit dem Prozeß der kontinuierlichen Verbesserung erzielen, nämlich 5,9% jährliche Produktivitätssteigerung gegenüber 0,2% [Kirchmann 93], die deutsche Unternehmen mit dem betrieblichen Verbesserungsvorschlagswesen (BVW) erzielen, gewinnt dieses Konzept auch in deutschen Unternehmen zunehmend an Bedeutung. Im folgenden sollen deshalb die Hintergründe kurz skizziert, der KVP-Zyklus erklärt und Hinweise zur Einführung gegeben werden.

Die Ursprünge des Kontinuierlichen Verbesserungsprozesses kommen aus der Philosophie des Kaizen, das wörtlich übersetzt nichts anderes bedeutet als (Kai= Veränderung, Zen= zum besseren) "ununterbrochene Verbesserung". Der KVP will durch eine "Verbesserung in kleinen Schritten", eine kostengünstige Optimierung eines gegenwärtigen Zustands erreichen und ersetzt dadurch keineswegs den Innovationsprozeß [Imai 92].

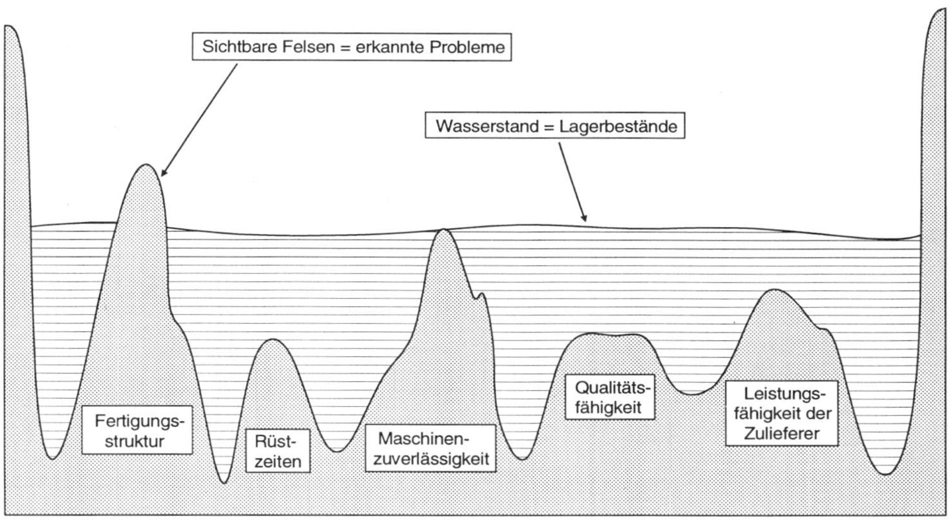

Abb. 11.1: See der Bestände

Das Ziel ist, durch eine Änderung im Denken und Verhalten aller Mitarbeiter, eine ständige Verbesserung aller Abläufe, Arbeitsplätze, Produkte und internen sowie externen Kundenbeziehungen zu erreichen. Es handelt sich deshalb weniger um eine neue Technik oder um ein neues System, als vielmehr um eine Philosophie, die täglich von jedem Mitarbeiter umgesetzt werden sollte. Als Voraussetzung muß deshalb auch gewährleistet sein, daß eine Unternehmenskultur vorherrscht, in der Probleme offen benannt werden können, ohne als lästige Kritik am bestehenden aufgefaßt zu werden. Dieses Verständnis kann sogar soweit gehen, daß jedes Problem als Chance zur Verbesserung begriffen und davon ausgegangen wird, daß kein Zustand nicht mehr verbesserungsfähig ist.

Neben diesen Denkweisen wird in der japanischen Serienfertigung aber noch eine weitere Maßnahme angewendet, um aus dem KVP wirklich einen permanenten Prozeß zu machen. Diese besteht darin, daß in der Fertigung kontinuierlich die Bestände abgesenkt werden [Monden 83]. Am anschaulichsten läßt sich diese Maßnahme mit dem "See der Bestände" erklären (Abb. 11.1). Es wird davon ausgegangen, daß das Grundübel von Beständen, neben den hohen Kosten (25 % Kapitalbindungskosten), in einer Verdeckung der wahren Fertigungsprobleme liegt. Diese Hemmnisse einer effizienten Produktion sind:

- mangelhafte Materialflußorientierung der Fertigung
- zu lange Rüstzeiten
- mangelhafte Maschinenzuverlässigkeit
- Qualitätsprobleme
- unzuverlässige Zulieferer (bzgl. Liefertermin, Menge und Qualität).

Gemäß der Abbildung 11.1 tauchen Probleme auf, die unbedingt zu lösen sind, sobald die Bestände gesenkt werden. Damit sind aber gleichzeitig auch schon die Themenbereiche benannt, die die KVP-Gruppen in der Fertigung hauptsächlich bearbeiten sollen. Weitere Aufgaben, die auch im Schwerpunkt der KVP-Aktivitäten liegen, sind die Erhöhung der Arbeitssicherheit und Maßnahmen zum Umweltschutz (z.B. Verbrauchsreduzierung und Lagerung von Kühlschmiermitteln).

Wenn in der Anfangsphase der KVP-Aktivitäten nicht riskiert werden soll, daß die Fertigung beim Absenken der Bestände, aufgrund zu vieler Hemmnisse nur noch steht, dann sind zuvor die wesentlichen Probleme zu beseitigen. Um in diesem Aufgabengebiet die wesentlichen Ansatzpunkte zu identifizieren und die kostentreibenden Effekte zu verstehen, müßte jeder Mitarbeiter zu einem Kosten-Controller ausgebildet werden, was natürlich unmöglich ist. Deshalb liegt dem KVP ein einfaches Prinzip zugrunde, in dem zwischen wertschöpfenden Tätigkeiten einerseits sowie verschwendenden Tätigkeiten andererseits unterschieden wird:

- **Wertschöpfend** ist eine Tätigkeit, die dafür sorgt, daß das Produkt Kundenanforderungen erfüllt.
- **Verschwendung** ist eine Tätigkeit, die Zeit, Aufwand oder Fläche benötigt, nicht jedoch den Wert des Produkts steigert.

Der Wert einer Tätigkeit ist also dadurch festgelegt, ob der Kunde bereit ist, dafür zu zahlen. Es lassen sich 10 Verschwendungsarten aufzeigen, für die der Kunde nicht bereit ist zu zahlen und die deshalb zu reduzieren oder gänzlich zu vermeiden sind:

- Überproduktion
- Warten
- Tranportieren
- Falsche Bearbeitung
- Bestände
- Unnötige Bewegung
- Rüstvorgänge
- Ausschuß und Nacharbeit
- Unnütze Administration
- Ungenützte Kreativität

Der KVP-Zyklus

Innerhalb der KVP-Treffen geht es für die Mitarbeiter darum, nach einer festgelegten Vorgehensweise, dem KVP-Zyklus, die oben genannten Verschwendungen zu vermeiden oder, wenn diese im Arbeitsablauf erforderlich sind, wie z.B. Rüstvorgänge, zu reduzieren [Imai 92]. Der KVP-Zyklus setzt sich aus den vier wesentlichen Phasen:

- Beobachtung / Analyse,
- Umsetzung,
- Bewertung und
- Standardisierung

zusammen.

Beobachtung / Analyse

In dieser Phase geht es darum, durch die Beobachtung, d.h. Überprüfung des Arbeitsumfelds anhand der Verschwendungsarten, Probleme und damit Verbesserungsmöglichkeiten zu finden. Dabei kann auch notwendig sein, mit einfachen Methoden ein gefundenes Problem genauer zu analysieren, indem Daten gesammelt werden. Als Beispiel sei nur die Häufigkeitsverteilung von Fehlerarten zur Überprüfung von Maschinenausfällen genannt, um dadurch gezielt den am häufigsten auftretenden Fehler zu identifizieren. Für das festgestellte Problem sind dann Lösungsmaßnahmen zu entwickeln und zu bewerten, die nur wenig oder keine Investitionen benötigen.

Umsetzung
Ist ein Problem erkannt und sind Maßnahmen zu dessen Behebung erarbeitet worden, sind diese möglichst schnell umzusetzen. Dabei ist ein Maßnahmencontrolling zu betreiben, um festzustellen, ob mit der erarbeiteten Lösung die gewünschten Erfolge erzielt werden können.

Bewertung
Das Maßnahmencontrolling ist deshalb erforderlich, weil es bei den KVP-Aktivitäten nicht um umfangreiche Studien und große Entwicklungsprojekte geht, sondern der Schwerpunkt auf der schnellen Umsetzung kleiner Verbesserungen liegt. Dazu gehört auch, daß vorgeschlagene Maßnahmen zunächst als Experimente in der Praxis getestet werden, bevor sie als Standard übernommen werden.

Standardisierung
Die erprobten Verbesserungen sollten als Standards in Arbeits- oder Prüfanweisungen übernommen und von allen Mitarbeitern befolgt werden, um dadurch einen definierten Ausgangszustand für weitere Verbesserungen zu schaffen. Unter Standardisierung ist aber auch zu verstehen, daß für einen Arbeitsbereich festgelegt wird, welche Werkzeuge vorhanden sein müssen und wo sie zu lagern sind, daß die Stellen für die Bereitstellung von Material und Vorrichtungen markiert sind und daß ein Reinigungsprogramm festgelegt ist.

Im engen Zusammenhang zur Standardisierung steht die Visualisierung, die aber nicht den Phasen des KVP-Zyklus zugeordnet werden kann, da sie prozeßbegleitenden Charakter hat. Visualisierung ist die deutliche Sichtbarmachung aller Standards, Ziele und aktuellen Bedingungen am Arbeitsplatz, damit jeder den Ist-Zustand im Vergleich zu den Anforderungen einer effizienten Produktion sehen und verstehen kann. Es kann dadurch eine Transparenz erreicht werden, die es jedem Mitarbeiter ermöglicht, sich schnell zu orientieren und zielorientiert zu handeln. Die Formen der Visualisierung sind:

- **Aushängen und Anwenden von Standards**
  (Arbeits- und Prüfanweisungen, Instandhaltungsanweisungen, Grenzmuster guter und schlechter Teile, einschließlich der Erläuterungen)
- **Aushängen und Anwenden von Zielen**
  (Maßnahmenplan der KVP-Treffen mit Terminen und Verantwortlichkeiten, Ergebnisverbesserungen durch eingeführte Maßnahmen, z.B. Qualität, Produktivität, Kosten, Maschinenlaufzeit)
- **Warnhinweise bei Maschinenstörungen**
- **Hinweise an Lagerregalen**
  (Mindestbestand, Bestellmengen)

Einführung des KVP-Prozesses

Bei der Einführung des KVP-Konzepts lassen sich die folgenden sieben Teilschritte voneinander abgrenzen:

1. Projektinitialisierung
2. Durchführung von Startveranstaltungen
3. Einbindung der Mitarbeiter
4. Beobachtung / Analyse
5. Umsetzung
6. Bewertung
7. Standardisierung

Davon sind die ersten drei Teilschritte als eine Anschubphase zu betrachten, die den KVP in einen selbstlaufenden Prozeß überführen.

Bei der **Projektinitialisierung** sind zunächst die Rahmenbedingungen zu überprüfen und Projektverantwortliche zu benennen. Üblicherweise werden die ersten KVP-Gruppen in der Fertigung implementiert, da dort schon häufiger in Gruppen gearbeitet wird, was eine günstige Ausgangssituation für die Einführung ist. Doch es sollte nicht übersehen werden, daß sich das KVP-Konzept ebenso für die Erschließung des Erfahrungspotentials der Mitarbeiter an Einzelarbeitsplätzen eignet, wie auch für eine Anwendung im Angestelltenbereich. Nachdem eine Pilotgruppe für die erste Implementierung gefunden ist, sollte auch überprüft werden, ob das vorhandene betriebliche Verbesserungsvorschlagswesen (BVW) den Anforderungen des KVP genügt. Eingereichte Verbesserungsvorschläge müssen kurzfristig bearbeitet werden können und es sollte ein attraktives Anreizsystem, das durchaus nicht nur finanzielle Anreize beinhalten muß, vorhanden sein. Entsprechende Maßnahmen zum Aufbau eines Anreizsystems oder zur Optimierung des BVW sind schon bei der Projektinitialisierung einzuleiten, so daß mit dem Start der ersten KVP-Gruppen den Mitarbeitern ein funktionierendes Anreizsystem geboten werden kann.

In den **Startveranstaltungen** sind die Führungskräfte über die Hintergründe und die verfolgten Zielsetzungen zu informieren und für eine aktive Unterstützung zu motivieren. Eine wesentliche Voraussetzung für den Erfolg des KVP ist nämlich, daß eine Unternehmenskultur (s. Kap. 6) vorherrscht, in der Probleme offen benannt werden können und den KVP-Gruppen bei der Bearbeitung und Umsetzung von Verbesserungsvorschlägen eine hohe Autonomie zugestanden wird.

Die **Einbindung der Mitarbeiter** besteht darin, daß sie in Informationsveranstaltungen über die Hintergründe und die mit dem KVP verfolgten Zielsetzungen informiert und für ihre Aufgabe qualifiziert werden. Inhalt des Qualifizierungskonzepts muß der KVP-Zyklus sowie die Vermittlung von Problemlösungsmethoden sein. Es bietet sich an, zumindest die Auswahl, wenn nicht sogar den Entwurf der zukünftig zu verwendenden Formulare der Gruppe zu überlassen.

Wenn dieser Teil der Vorbereitung der Gruppe abgeschlossen ist, kann der KVP-Zyklus das erste Mal durchlaufen werden. Das Ziel des ersten Durchlaufs sollte die Festlegung von Standards (Arbeits- und Prüfanweisungen, Werkzeugbestand und Ablageorte, Stellflächen für Material) für den Arbeitsbereich sein, so daß darauf aufbauend KVP zu einem selbstlaufenden Prozeß wird. Hilfreich für die Gruppe ist es, wenn sie bei den ersten Gruppengesprächen durch einen Moderator unterstützt wird, dessen Aufgabe aber vor allem darin besteht, sich so schnell wie möglich überflüssig zu machen.

Literatur

Imai, M. Kaizen: Der Schlüssel zum Erfolg der Japaner im Wettbewerb. Wirtschaftsverlag Langen Müller Herbig: München, 1992

Kirchmann, J. Geben und nehmen. manager magazin 5/1993

Monden, Y. Toyota Production System. Industrial Engineering and Management Press: Norcross, Georgia, 1983

12 Dezentralisierung der Arbeitsvorbereitung

Erhaltung der technologischen Kompetenz

Die kennzeichnenden Strategien der Neuen Fabrik, wie Wertschöpfungsorientierung, (innerbetriebliche) Kundenorientierung oder die Suche nach ständigen Verbesserungen hat selbstverständlich erhebliche Konsequenzen für die indirekten Bereiche, wie Qualitätsmanagement (Qualitätssicherung), Instandhaltung und insbesondere für die Arbeitsvorbereitung. Die Konsequenzen liegen darin, daß indirekte Tätigkeiten in die ausführenden Bereiche verlagert werden. Es wird dabei zwischen den strategischen und operativen oder, um es einfacher auszudrücken, zwischen den lang- und kurzfristigen Aufgaben unterschieden. Die Vorteile der Verlagerung der kurzfristigen Tätigkeiten, wie z.B. die NC-Programmerstellung, die Arbeitsvorgangsfolgebestimmung oder die Fertigungsmittelplanung, in die ausführenden Bereiche sind weitgehend unbestritten (Abb. 12.1).

Eine derartige Aufteilung und Verlagerung wird heute mehr oder weniger bewußt betrieben, mit der Gefahr, die strategische Komponente, zu der z.B. die Tätigkeiten Methodenentwicklung (Verfahrensplanung), Investitionsplanung, Fabrikplanung und auch die Entwicklung von Arbeitszeitmodellen und Entlohnungsformen gehören, nicht nur zu vernachlässigen, sondern sie unter dem Begriff der "Verschlankung" abzubauen. Davor soll hier ausdrücklich gewarnt werden, denn es gilt nicht nur den gegenwärtigen Zustand zu verbessern, was tatsächlich wesentlich durch die operativen Kräfte geschehen kann, sondern auch und vor allem Innovationen voranzutreiben, wozu das Know-how der strategisch denkenden und handelnden Mitarbeiter dringend benötigt wird. Weiterhin gilt die Warnung davor, den operativen und strategischen Aufgabenteil "tayloristisch" so zu trennen, daß der wechselseitige Synergieeffekt verlorengeht.

Bei der Optimierung der Arbeitsvorbereitung sind in erster Linie nicht die Aufgabenfelder angesprochen, sondern vielmehr, welche Gestaltungsprinzipien zum Erhalt der technischen Kompetenz verfolgt werden müssen. Dennoch muß auch der Aufgabenbereich dahingehend kritisch hinterfragt werden, inwiefern "Überplanung" und "Übersteuerung" vorliegen. Es macht keinen Sinn, Dinge im Detail planen zu wollen, die vom Prinzip her schon im Groben kaum planbar sind. In gleicher Weise ist eine Reihenfolgeplanung im Minutenbereich sinnlos, wenn mit Verschiebungen auf der Durchlaufzeitachse von Tagen oder sogar Wochen zu rechnen ist. Der Einsatz von "Terminjägern" als Problemlösungsstrategie dürfte als untauglich bekannt sein.

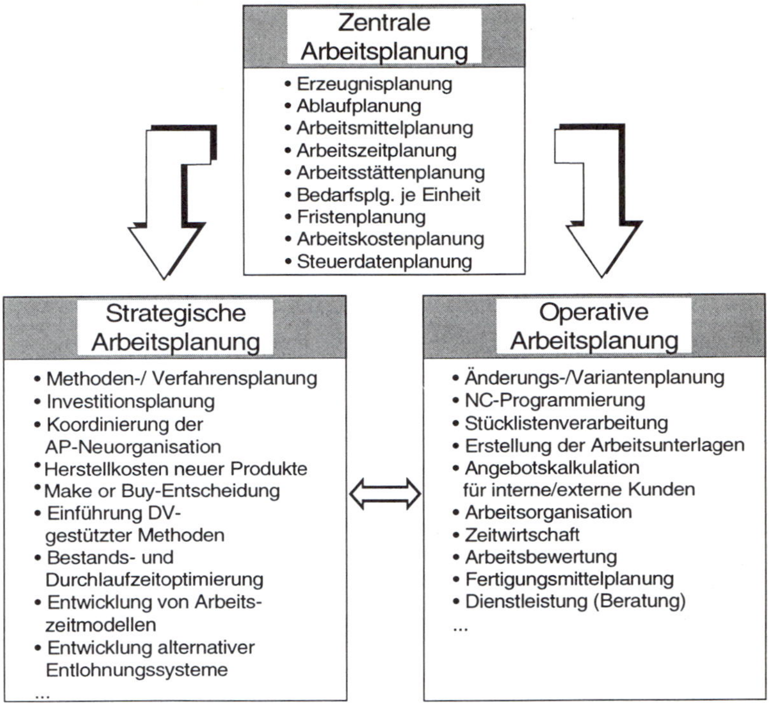

Abb. 12.1: Neuorganisation der Arbeitsplanungsaufgaben in der "Neuen Fabrik"

Für die dargestellten Organisationskonzepte, die eine Komplexitätsverringerung z.B. durch Segmentierung verfolgen, ist eine global zentrale Arbeitsvorbereitung als Organisationsform mit Sicherheit kein geeigneter Lösungsansatz. Wenn daher im folgenden von einer zentralen Arbeitsvorbereitung gesprochen wird, so bezieht sich diese auf Segmentebene.

Wird die bekannte Aufgabenteilung der Arbeitsvorbereitung in Arbeitsplanung und Arbeitssteuerung verfolgt, ergibt sich daraus eine erste Dezentralisierungsstrategie, die jedoch nicht als tayloristische Funktionsteilung zu sehen ist, sondern vielmehr unter dem Aspekt der "Integrierten Arbeitsvorbereitung".

Für die Arbeitssteuerung bietet sich die Unterteilung in eine Grobsteuerung mit den PPS-Funktionen Produktionsprogrammplanung, Mengen-, Termin- und Kapazitätsplanung sowie der Koordination und in eine Feinsteuerung an. Letztere ist den Fertigungs- und Montageteams direkt zugeordnet. Eine Aufteilung der PPS-Funktionen auf die selbststeuernden Produktionseinheiten wird in Kapitel 13 behandelt und soll hier nicht weiter verfolgt werden.

Die Gestaltung der "Neuen Arbeitsvorbereitung" in der "Neuen Fabrik" sollte sich an der größtmöglichen Effizienz orientieren. Ein wesentlicher Aspekt bei einer entsprechenden Neuorganisation ist der Dienstleistungsgedanke, d.h., daß die Arbeitsvorbereitung nicht als "Ab"-teilung mit entsprechenden Schnittstellen zwischen Konstruktion und Fertigung/Montage steht, sondern allen Bereichen ihre Leistung anbietet. Dies gilt für andere indirekte Bereiche ebenso und schafft vor allem Kostenbewußtsein und Leistungsdenken.

Umsetzung der Gestaltungsprinzipien für die Arbeitsplanung

Bei der Umsetzung der genannten Gestaltungsprinzipien sind prinzipiell drei Modelle einer strategisch/operativen Organisation der Arbeitsplanung in der Neuen Fabrik denkbar, die ihrerseits beliebige Mischformen nicht ausschließen, wobei von einer zentralen Funktion der strategischen Komponente ausgegangen wird:

- ❑ Die erste Alternative ist eine Dezentralisierung der Arbeitsplanung in der Art, daß konventionell organisierte (homogene) Planungsteams definierten Fertigungs- oder Montageteams in unterschiedlicher Zahl zugeordnet werden. Der Begriff "Team" wird deshalb verwandt, damit nicht Strukturen, wie Insel, Gruppe oder Werkstatt, vordefiniert und somit alternative Konzepte ausgeschlossen werden. Dies ist eine verhältnismäßig einfache und konventionelle Dezentralisierung der Aufgaben, die aber dennoch, in Abhängigkeit von der vorliegenden Unternehmensorganisation, in ihrer Wirkung bereits erhebliche Fortschritte erwarten lassen kann.
- ❑ Die zweite Alternative sieht die Integration der Planungskomponente unmittelbar in heterogene, dezentrale Fertigungs- und Montageteams vor. Konkret werden einem oder mehreren Teams beispielsweise ein Arbeitsplaner und ein NC-Programmierer direkt zugeordnet.
- ❑ Die dritte Alternative sieht eine Aufteilung in Produktplanungs- und Produktfertigungsteams, also eine Zuordnung auf Konstruktion einerseits und Fertigungs- und Montageteams andererseits vor. Zu den Aufgaben der ersten Gruppe können Änderungs- und Variantenplanung, Angebotskalkulation, Make or Buy - Entscheidungen usw. gehören. Aufgaben der zweiten Gruppe können beispielsweise die Betriebsmittelplanung, die NC-Programmierung oder die Zeitwirtschaft sein.

In bezug auf die Mitarbeiter bietet die Situationsveränderung sowohl Risiken als auch Chancen. Die Situationsveränderung zeigt sich vor allem in der Auseinandersetzung mit neuen Vorgesetzten und Kollegen, in einem neuen Arbeitsumfeld und -status und einer permanenten Konfrontation mit den Problemen der operativen Ebene.

Die Risiken liegen vor allem in der Herauslösung aus der gewohnten Umgebung, der Kontrolle der eigenen Effizienz und Qualität der Arbeit durch das Team der direkten Arbeitskräfte und in der Konfliktbewältigung eigener und Gruppenziele.

Die Chancen liegen wesentlich in der Bewältigung der neuen Herausforderungen unter Nutzbarmachung eigener Vorstellungen/Selbständigkeit (Handlungsspielraum), verbunden mit Kreativität und Verantwortungsübernahme sowie einer neueren Beziehung zu Konstruktion und Fertigung/Montage.

Zusammenfassend ist die Veränderungsnotwendigkeit unstrittig. Es wurde dargelegt, daß unterschiedliche Modelle einer Neuorganisation existieren. Gleichzeitig wurde aber davor gewarnt, das Potential der Arbeitsvorbereitung als wichtigem Leistungsträger leichtfertig unter dem Begriff "Verschlankung" aufzugeben, da die Zukunft der Unternehmen in der Innovation, der Produkt- und Prozeßinnovation liegt.

13 Anpassung des PPS-Systems

Defizite heutiger Systeme

Ein wichtiger Aspekt, der im Rahmen der Reorganisation der Unternehmensstruktur Berücksichtigung finden muß, ist die Anpassung der EDV an die neuen Rahmenbedingungen. Insbesondere die auf einem Unternehmensmodell aufbauenden und die betrieblichen Abläufe unterstützenden Systeme sind von der Umstrukturierung direkt betroffen. Zu dieser Gruppe zählen die PPS-Systeme. Nur wenn sich die neuen Organisationsformen in der Architektur dieser Systeme widerspiegeln, können sie optimale Werkzeuge für die Unterstützung der Geschäftsprozesse sein.

Der Aufbau dezentraler Produktionseinheiten und die Verlagerung wichtiger Aufgaben, wie z. B. Feinplanung, Auftragsveranlassung und -überwachung sowie kurzfristige Materialdisposition, in diese aufbauorganisatorischen Einheiten hat zur Folge, daß zentrale, monolithisch aufgebaute und funktional gegliederte PPS-Systeme keine ausreichende Unterstützung mehr bieten können. Hierfür sind mehrere Ursachen zu nennen:

❑ Mangelnde Flexibilität

Flexibilität von PPS-Systemen bedeutet in diesem Zusammenhang die Möglichkeit, sich ändernde Produktionsstrukturen, wie sie durch turbulente Märkte, die einem stetigen Wandel unterliegen, hervorgerufen werden, ohne großen Aufwand abbilden zu können.

❑ Ungeeignete Art der Informationsbereitstellung

Eine für neu strukturierte Unternehmen weniger geeignete Art der Informationsbereitstellung in teilautonomen Produktionseinheiten stellt die Auftragsübersicht in Form von deterministisch, oftmals minutengenau eingeplanten Aufträgen dar. Sie ermöglicht nur eine unzureichende Unterstützung der flexiblen Auftragseinplanung durch die verantwortlichen Mitarbeiter in der Produktion.

❑ Falsche Ausrichtung der Systeme

Die Gedanken der Funktions- und Aufgabenintegration sowie der Prozeßorientierung müssen ebenfalls in die Architektur neuer PPS-Systeme einfließen. Dieses bedeutet, daß sich die Ausrichtung der Systeme am Auftragsdurchlauf und nicht wie bisher an den Funktionen einzelner Bereiche bzw. Abteilungen sowie deren Optimierung orientiert. In den Mittelpunkt der Betrachtung rückt somit die Reduzierung der Gesamt-Auftragsdurchlaufzeit anstelle der Optimierung der Kapazitätsauslastung einzelner Bereiche.

Anforderungen an neue PPS-Systeme

Aus den aufgeführten Defiziten heutiger PPS-Systeme läßt sich ein Konzept für neue Systeme ableiten, das im wesentlichen auf zwei Komponenten aufbaut (Abb. 13.1):

- ❑ die zentrale Auftragsplanung und -koordination sowie
- ❑ das dezentrale Auftragsmanagement.

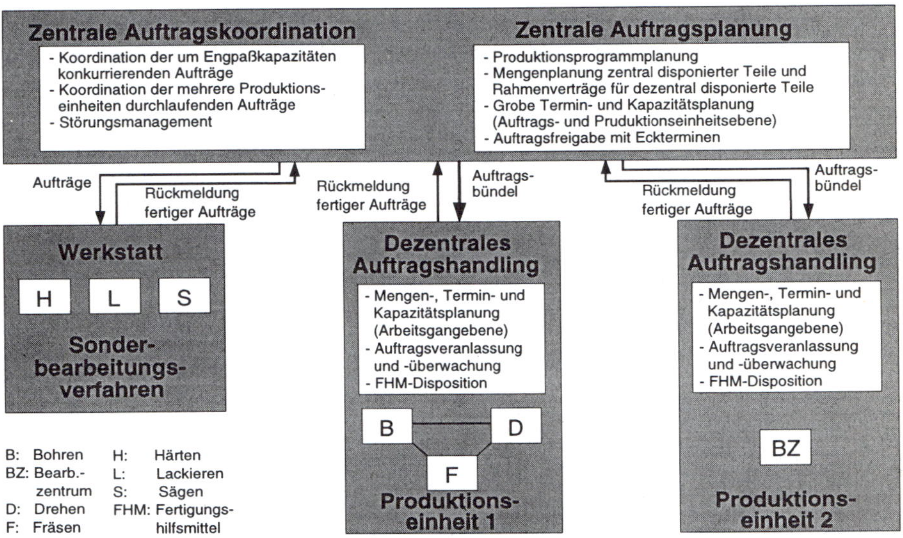

Abb. 13.1: Konzept für neue PPS-Systeme

Im Rahmen der Auftragsplanung und -koordination gilt es, eine Handlungssynchronisation der einzelnen Bereiche im Sinne eines optimalen Gesamtauftrags-Durchlaufs zu erzielen. Abhängig von dem realisierten Fertigungsfeinsteuerungsverfahren kann dieses eine ständige Koordination aller Einzelaktivitäten des Auftragsdurchlaufs erforderlich machen. Bei selbststeuernden Verfahren bedarf es ausschließlich eines Eingriffs bei Störungen im Produktionsablauf. Hierbei stehen die terminlichen Abstimmungen der am Auftragsdurchlauf beteiligten Produktionseinheiten durch Vorgabe von Eckterminen im Vordergrund der Betrachtungen, da sie für die Einhaltung der Liefertermine verantwortlich sind.

Die Schnittstelle zwischen der zentralen Planungs- und Koordinationsstelle sowie den dezentralen Komponenten bilden die Aufträge. Diese werden als frei disponierbarer Auftragsvorrat mit einem festgelegten Planungshorizont den "selbständigen" Produktionseinheiten zugeteilt. Dort erfolgt die Bearbeitung der Aufträge im Rahmen der ihnen übertragenen Aufgaben. Die Rückmeldung erfolgt für einzelne Aufträge, wobei hier nur folgende Informationen bzw. Daten von Bedeutung sind:

- Auftrag komplett bearbeitet mit Ist-Zeiten, Mengen- und ggf. Qualitätsdaten,
- Auftrag verzögert sich mit Angabe der Störungsursache und voraussichtlichen Verzögerungszeit,
- Auftrag teilweise fertig mit Angabe des Splittinggrundes sowie der Ist-Zeiten, Mengen- und ggf. Qualitätsdaten für das fertiggestellte Teillos.

Die Aufgabe der Informationsbereitstellung in den Gruppen ist es, die notwendigen Informationen in der richtigen Form aktuell zur Verfügung zu stellen. Hierzu zählen einerseits die vom zentralen System übermittelten Auftragsdaten, andererseits die Daten über Betriebsmittel, Arbeitspläne, Stücklisten und Lagerbestände in den Produktionseinheiten, die dezentral erstellt und verwaltet werden (Abb. 13.2).

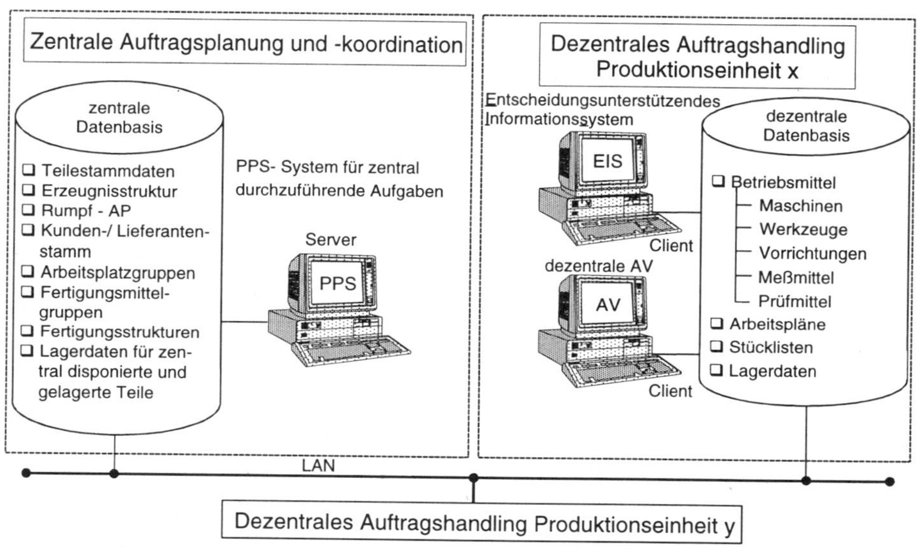

Abb. 13.2: Zentrale und dezentrale Datenhaltung

Für die dezentral durchzuführenden Planungs- und Steuerungsaufgaben ist der Einsatz eines entscheidungsunterstützenden Systems vorzusehen. Dieses System dient im Gegensatz zu herkömmlichen Leitständen nicht der automatischen Maschinenbelegungsplanung, sondern der Unterstützung bei der flexiblen Auftragseinplanung durch die qualifizierten Mitarbeiter in der Produktion. Zur Unterstützung dieser Tätigkeit werden mit Hilfe der verfügbaren Daten interaktiv Vorschläge für mögliche Auftragsreihenfolgen erarbeitet und mittels einfacher Simulationen bewertet. Die Entscheidung bezüglich der endgültigen Reihenfolge erfolgt durch den Systemanwender. Mit Hilfe eines solchen Systems ist es möglich, kurzfristig und flexibel auf Änderungen im Auftragsbestand bzw. Störungen in der Produktion zu reagieren.

Kriterienkatalog zur Eignungsüberprüfung von PPS-Systemen

Im Rahmen der Anpassung der EDV an die neue Unternehmensstruktur ist eine Entscheidung über die Erstinstallation, eine Ersatzinvestition oder die Neukonfiguration des bestehenden PPS-Systems zu treffen. Für die Auswahl eines geeigneten Programmes läßt sich aus den im vorhergehenden Abschnitt dargestellten Anforderungen ein Kriterienkatolog ableiten, der als Hilfsmittel zur Überprüfung der Eignung von PPS-Systemen in reorganisierten Unternehmen eingesetzt werden kann (Tabelle 13.1). Die aufgeführten Kriterien sind als Minimalforderungen zu interpretieren, die in diesem Zusammenhang an PPS-Systeme gestellt werden.

❑ Verwaltung von Arbeitsplatz- bzw. Kapazitätsgruppen statt Einzelkapazitäten (z.B. Kapazitätsgruppe Fertigungsinsel mit Soll-Kapazität und Soll-Durchlaufzeit)
❑ Zuordnung von Aufträgen zu Arbeitsplatz- bzw. Kapazitätsgruppen
❑ Ermittlung von Eckterminen für Aufträge und Weitergabe an die selbststeuernden Produktionseinheiten
❑ Rückmeldungen von Meilensteinen bzw. bereichsübergreifenden Störungen, statt einzelner Arbeitsgänge (z.B. Fertigung beendet, Artikel eingelagert bzw. Material nicht verfügbar)
❑ Simultane Mengen-, Termin- und Kapazitätsplanung in den Produktionseinheiten
❑ Anwendung unterschiedlicher Steuerungsstrategien in den einzelnen Bereichen
❑ Möglichst geringer Anpassungsaufwand bei Umstrukturierungen in der Produktion
❑ Multi-User-Fähigkeit
❑ Client-Server-Architektur für verteilte Datenstrukturen (zentrale und dezentrale Datenbasen)

Tabelle 13.1: Checkliste für die Überprüfung von PPS-Systemen

Als zentrale Punkte lassen sich die drei erstgenannten Kriterien herausheben, die auch für den sinnvollen Einsatz von Standard-PPS-Systemen ausschlaggebend sind. Können mit Hilfe des Systems keine Kapazitäts- bzw. Arbeitsplatzgruppen verwaltet werden bzw. können diesen Gruppen keine Aufträge zugeordnet werden, so ist das entsprechende PPS-System nicht ohne aufwendige Modifikationen (Umprogrammierungen) einsetzbar. Die Ermittlung von Eckterminen ist eine grundlegende Forderung an PPS-Systeme für Unternehmen mit selbständigen Produktionseinheiten. Rechentechnisch können diese Daten oftmals durch gleichzeitige Vorwärts- und Rückwärtsterminierung generiert werden.

Die Rückmeldung von Meilensteinen, die simultane Planung, die Anwendung unterschiedlicher Steuerungsstrategien und der geringe Anpassungsaufwand sind Kriterien, deren Gewichtung von den jeweiligen unternehmensspezifischen Randbedingungen abhängig ist. Mit Hilfe der Meilensteinrückmeldung wird eine Reduzierung des Datenumfanges im Rückmeldewesen auf ein Minimum angestrebt. Das bisher ausschließlich angewandte Sukzessivplanungskonzept ist unter Beachtung branchenspezifischer Merkmale durch ein Simultanplanungskonzept zu ersetzen, welches relevante Interdependenzen der Planungsfunktionen berücksichtigt und somit die Qualität der Planungsergebnisse erhöht. In den selbständigen Produktionseinheiten sind dem jeweiligen Auftragsabwicklungstyp entsprechende Fertigungs-Feinsteuerungsverfahren anzuwenden, deren gleichzeitige Unterstützung durch das System gewährleistet sein muß. Ein möglichst geringer Anpassungsaufwand der Programme bei Änderungen der Produktionsstruktur ist erforderlich, da die hemmende Wirkung komplexer und nur sehr aufwendig konfigurierbarer Systeme weitgehend bekannt ist.

Die letzten Punkte, Multi-User-Fähigkeit und verteilte Datenbanken, entsprechen den heutigen Anforderungen an die Konfiguration betrieblicher Anwendungssysteme.

14 Zusammenfassung und Ausblick

Produzierende Unternehmen im Hochlohnland Deutschland, die im zunehmend härter werdenden Wettbewerb auf den internationalen Märkten bestehen wollen, können es sich immer weniger leisten, Rationalisierungspotentiale ungenutzt zu lassen. In der öffentlichen Diskussion, die durch die MIT Studie über die "Lean Production" entfacht wurde, zeigte sich, daß in den drei Gestaltungsfeldern Technik, Organisation und Personal gerade die beiden letztgenannten lange Zeit vernachlässigt wurden. Die Vorteile einer Verringerung der Schnittstellen durch die Schaffung selbststeuernder Regelkreise und die Berücksichtigung der veränderten Wertvorstellungen der Mitarbeiter zeigen sich in verkürzten Durchlaufzeiten und einer höheren Motivation und Kreativität der Mitarbeiter.

Zur Umsetzung dieses Potentials in die Unternehmenswirklichkeit werden im Handlungsleitfaden auf der Grundlage von Organisationsprinzipien, Kernkonzepte benannt. Als solche können die Fertigungssegmentierung, die Fertigungsinselbildung und die Gruppenarbeit angesehen werden, die darauf abzielen, mit unterschiedlichem Integrationsgrad an Wertschöpfungsstufen und indirekten Funktionen, selbststeuernde Unternehmenseinheiten zu bilden. Deutliche Vorteile gegenüber dem Wettbewerb lassen sich jedoch nur schaffen, wenn individuell erarbeitete Lösungen nicht einfach übernommen werden, sondern an die unternehmensspezifische Situation angepaßt werden. Ein Vorgehenskonzept zur integrierten Veränderung der Unternehmenskultur und -struktur wird ergänzt durch die Bereitstellung der erforderlichen Methoden und Maßnahmen. Dazu zählen die Kernkonzepte, aber auch die erforderlichen Begleitmaßnahmen, wie z.B. Information und Kommunikation, das Instrument der Visualisierung, die Veränderung des Führungsverhaltens sowie der kontinuierliche Verbesserungsprozeß (KVP).

Die behandelte Reorganisation von Unternehmensstrukturen führt zu geordneten Prozessen, die die Basis für die erfolgreiche Einführung neuer Technologiekonzepte bilden. Zu nennen sind hier dezentralisierte PPS-Systeme zur Beschleunigung der Auftragsabwicklung oder der Einsatz von Workflow-Managementsystemen in den indirekten Bereichen. In der Produktentwicklung bieten moderne rechnergestützte Hilfsmittel, die auf integrierte Produkt- und Produktionsmodelle zugreifen, die Möglichkeit, daß Konstrukteure und Fertigungsplaner zur Nutzung ihres "konstruktiven und planerischen Wissens" im Sinne kleiner Regelkreise zusammenarbeiten und dadurch die Produktentwicklungszeiten verkürzen.

Eine zur Zukunftssicherung erforderliche Produkt- und Prozeßinnovation setzt voraus, daß im Unternehmen das notwendige Wissen vorhanden ist oder die Fähigkeit besteht, dieses aufzubauen. Die Vision einer "lernenden Organisation", die darin erfahren ist, Wissen zu schaffen und zu verteilen, kann dann zur Realität werden, wenn rechtzeitig notwendige Strukturen geschaffen und die damit verbundenen Verhaltensweisen eingeübt werden.

Sachwortverzeichnis

Springer-Verlag und Umwelt

Als internationaler wissenschaftlicher Verlag sind wir uns unserer besonderen Verpflichtung der Umwelt gegenüber bewußt und beziehen umweltorientierte Grundsätze in Unternehmensentscheidungen mit ein.

Von unseren Geschäftspartnern (Druckereien, Papierfabriken, Verpackungsherstellern usw.) verlangen wir, daß sie sowohl beim Herstellungsprozeß selbst als auch beim Einsatz der zur Verwendung kommenden Materialien ökologische Gesichtspunkte berücksichtigen.

Das für dieses Buch verwendete Papier ist aus chlorfrei bzw. chlorarm hergestelltem Zellstoff gefertigt und im pH-Wert neutral.

Druck: Saladruck, Berlin
Verarbeitung: Buchbinderei Lüderitz & Bauer, Berlin